Fahrzeuge. Hightech in Patenten

Thomas Heinz Meitinger

Fahrzeuge. Hightech in Patenten

Vom Automobil, dem Düsenflugzeug bis zur Weltraumrakete

Springer Vieweg

Thomas Heinz Meitinger
Meitinger Patentanwalts GmbH
München, Deutschland

ISBN 978-3-662-70136-2 ISBN 978-3-662-70137-9 (eBook)
https://doi.org/10.1007/978-3-662-70137-9

Die Deutsche Nationalbibliothek verzeichnet diese Publikation in der Deutschen Nationalbibliografie; detaillierte bibliografische Daten sind im Internet über https://portal.dnb.de abrufbar.

Springer Vieweg ist ein Imprint der eingetragenen Gesellschaft Springer-Verlag GmbH, DE und ist ein Teil von Springer Nature.
Die Anschrift der Gesellschaft ist: Heidelberger Platz 3, 14197 Berlin, Germany

Vorwort

Die Entwicklung der Menschheit geht einher mit ihren Möglichkeiten der Fortbewegung. Die Ausweitung der Bewegungsmöglichkeiten vergrößerte den Wirkkreis und damit den geistigen Horizont. Der jeweilige Stand der Fortbewegungsmöglichkeiten spiegelt daher den aktuellen Entwicklungsstand einer Zivilisation wider. Der Anfang ist eine Fortbewegung mit reiner Muskelkraft, dann folgen schienengebundene Fahrzeuge und schließlich beginnt der Individualverkehr mit Automobilen. Mit Flugzeugen konnten ferne Kontinente erkundet werden und jetzt macht sich die Menschheit auf, den Weltraum mit Raketen zu erforschen. Jeder Schritt führte zu neuen Erkenntnissen und einer Erweiterung des Weltbilds.

Dieses Fachbuch will anhand von Patentschriften die bisherige Entwicklung Revue passieren lassen. Es wird gezeigt, wie sich eine technische Entwicklung ergibt und welche Probleme zu lösen waren. Nicht zuletzt soll dem Leser die Möglichkeit geboten werden, sein Interesse und Verständnis für die Entwicklung der Technik zu schärfen.

München
im April 2024

Dr. Thomas Heinz Meitinger

Inhaltsverzeichnis

Über den Autor

Patentanwalt Dr. Thomas Heinz Meitinger ist deutscher und europäischer Patentanwalt. Nach einem Studium der Elektrotechnik in Karlsruhe arbeitete er zunächst als Entwicklungsingenieur. Spätere Stationen waren Tätigkeiten als Produktionsleiter und technischer Leiter in mittelständischen Unternehmen. Dr. Meitinger veröffentlicht regelmäßig wissenschaftliche Artikel und schreibt Fachbücher zum gewerblichen Rechtsschutz und zu technischen Themen. Außerdem hält er Vorträge zum Patent-, Marken- und Designrecht. Dr. Meitinger ist Dipl.-Ing. (Univ.) und Dipl.-Wirtsch.-Ing. (FH). Außerdem führt er folgende Mastertitel: LL.M., LL.M., MBA, MBA, M.A. und M.Sc.

Abbildungsverzeichnis

1 Einführung in das Patentrecht

In dem Buch werden Fahrzeuge anhand von Patentschriften erläutert. Insbesondere werden der Hauptanspruch und die Zeichnungen vorgestellt. Damit der Leser die verwendeten Auszüge der Patentschriften einordnen kann, werden im Einführungskapitel die nötigen patentrechtlichen Kenntnisse zur Verfügung gestellt. Insbesondere wird erläutert, was die Patentansprüche sind und welche Bedeutung die Beschreibung und die Zeichnungen einer Patentschrift haben.

1.1 Hauptanspruch und Anspruchssatz

Mit dem Hauptanspruch und den Zeichnungen einer Patentschrift kann die technische Lehre eines Patents schnell verstanden werden. Ein Anspruchssatz eines Patents ist die Gesamtheit der Ansprüche. Typischerweise weist ein Anspruchssatz 10 bis 15 Ansprüche auf. Der erste Anspruch des Anspruchssatzes ist der Hauptanspruch, der die wesentlichen Merkmale der Erfindung beschreibt. Die weiteren Ansprüche beschreiben oftmals nur besondere Ausführungsformen der Erfindung.

1.2 Beschreibung und Zeichnungen einer Patentschrift

Eine Patentschrift umfasst normalerweise mehrere Zeichnungen. In den Zeichnungen werden besondere Ausführungsformen der Erfindung dargestellt. Die Patentschrift enthält zur Erläuterung der Zeichnungen eine Beschreibung, wobei die einzelnen Elemente der Zeichnungen in ihrem Zusammenwirken, damit der gewünschte erfinderische Effekt eintritt, erläutert werden.

T. Meitinger, *Fahrzeuge. Hightech in Patenten*,
https://doi.org/10.1007/978-3-662-70137-9_1

1.3 Amtliches Aktenzeichen des Patentamts

Jede Patentanmeldung erhält vom betreffenden Patentamt ein amtliches Aktenzeichen. Die neueren Aktenzeichen weisen einen Aufbau auf, aus dem wichtige Daten entnommen werden können. Die ersten beiden Buchstaben des Aktenzeichens stellen jeweils einen Ländercode dar, wobei beispielsweise „DE“ für Deutschland und „US“ für die USA steht. Die ersten beiden Buchstaben können alternativ auch für eine Organisation des gewerblichen Rechtsschutzes stehen. Beispielsweise steht „EP“ für das Europäische Patentamt und „WO“ für eine internationale Anmeldung, die beim Internationalen Büro der WIPO (World Intellectual Property Organization) angemeldet wurde.

Nach dem Länderkürzel folgt beim amtlichen Aktenzeichen des deutschen Patentamts eine zweistellige Zahl, die die Schutzrechtsart angibt, wobei „10“ für Patent, „20“ für Gebrauchsmuster und „30“ für eine Marke steht. Nach der zweistelligen Zahl für die Schutzrechtsart folgt eine vierstellige Zahl, die das Anmeldejahr angibt. Die weiteren 6 Zahlen stellen eine aufsteigende Nummerierung je nach Eingangsdatum beim Patentamt dar. Eine kleine Zahl deutet daher darauf hin, dass das Schutzrecht am Anfang des Jahres beim Patentamt eingereicht wurde. Eine hohe Zahl gibt einen Hinweis darauf, dass die Anmeldung eher am Ende des Jahres eingereicht wurde. Die letzten beiden Zeichen des amtlichen Aktenzeichens beschreiben den Status des Schutzrechts, wobei „A“ für eine Anmeldung, „B“ für ein Patent und „C“ für ein Patent nach bestandenem Einspruchs- oder Nichtigkeitsverfahren steht. Diese Aufteilung des amtlichen Aktenzeichens gilt jedoch nur für neuere Aktenzeichen.

Beispielsweise ist das amtliche Aktenzeichen DE 10 2020 103 279 A1 die Kennzeichnung einer Patentanmeldung (führende Ziffer „10“ und „A1“), die 2020 beim Patentamt eingereicht wurde und die laufende Nummer 103279 erhalten hat.

Fahrräder

2

Ein Fahrrad ist ein zweirädriges, einspuriges Landfahrzeug, das durch Fußpedale angetrieben wird. Seit den 80-er Jahren des letzten Jahrhunderts gibt es elektrisch angetriebene Fahrräder, die E-Bikes genannt werden. Der Antrieb eines E-Bikes kann insbesondere durch eine Kombination von Muskelkraft und Pedalen und einem Elektromotor erfolgen.

2.1 Tretkurbelantrieb: Pierre Lallement

Pierre Lallement ist der Erfinder des Fahrrads mit Tretkurbelantrieb. Bis dahin gab es nur die sogenannten Laufräder, bei denen mit den Füßen abgestoßen wird, um voranzukommen. Laufräder sind bis heute für sehr kleine Kinder beliebt. In seinem Patent US 59915A, das am 20. November 1866 patentiert wurde, beschreibt er seine Erfindung.

Der Hauptanspruch seines Patents lautet:

„The combination and arrangement of the two wheels, A and B, provided with the treadles F, and the guiding-arms D, so as to operate substantially as and for the purpose herein set forth.“[1]

In dem Anspruch werden Trittflächen F beschrieben, die Teil eines Tretkurbelantriebs sind. In den Figuren 1 und 3 der Abb. 2.1 sind die Trittflächen F des erfinderischen Tretkurbelantriebs dargestellt.
In der Abb. 2.1 ist in der Fig. 1 der Tretkurbelantrieb mit den Pedalen F dargestellt. Die Fig. 2 und 3 zeigen außerdem das Lenkrad D.

[1] DPMA, https://depatisnet.dpma.de/DepatisNet/depatisnet?action=pdf&docid=US000000059915A&xxxfull=1, abgerufen am 29.3.2024.

T. Meitinger, *Fahrzeuge. Hightech in Patenten*,
https://doi.org/10.1007/978-3-662-70137-9_2

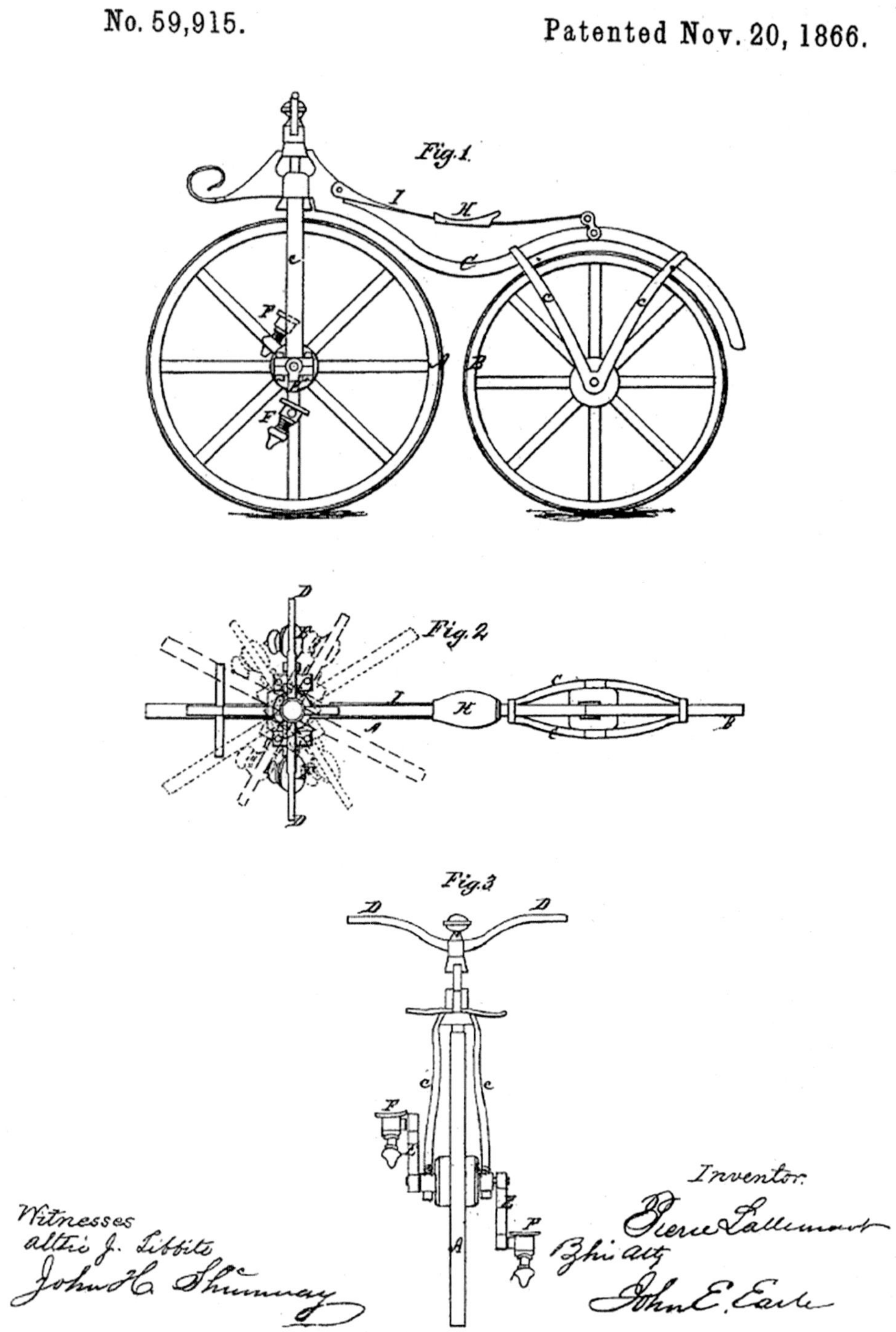

Abb. 2.1 Fig. 1 bis 3 der US59915

2.2 Vorderbremse: William Hanlon

William Hanlon konstruierte als erster ein Fahrrad mit handbedienbarer Vorderbremse. Außerdem wies sein Fahrrad Schutzbleche auf, um ein Bespritzen der Kleidung des Fahrers durch rotierende nasse Räder zu verhindern.

Der Anspruchssatz des Patents US 86834 A, das am 9. Februar 1869 erteilt wurde, lautet:

1. *„Providing the velocipede with a shield, which is interposed between the periphery of the forward wheel and the perch, and secured to the axle by means of braces s s, substantially as described.“*
2. *Combining the brake-mechanism with the handles of the velocipede, as and for the purposes described.*
3. *In combination with the perch and swivelling-frame, means for stopping or limiting the extent of motion of the latter, substantially as and for the purposes set forth.“*[2]

In dem Anspruch 1 werden Schutzbleche beschrieben, mit denen verhindert wird, dass Kleidungsstücke in das rotierende Rad gelangen und dadurch zerschnitten bzw. beschädigt werden. Außerdem ist im Anspruch 2 die Bremse des Vorderrads beschrieben, das am Lenkrad zur manuellen Betätigung befestigt ist.

Die Fig. 1 der Abb. 2.2 zeigt das Vorderrad A und das Hinterrad B, wobei am Hinterrad B ein Schutzblech M angeordnet ist. Das Schutzblech M verhindert, dass vom Hinterrad hochgeschleuderter Schmutz auf dem Rücken des Fahrers landet. Die Fig. 3 der Abb. 2.2 zeigt einen Längsschnitt durch die erfinderische Vorderbremse.

2.3 Luftreifen: Robert William Thomson

Robert William Thomson ist der Erfinder des Luftreifens. In seiner Patentschrift US 5104 A, die am 8. Mai 1847 zum Patent führte, beschreibt er seine Erfindung.

Das Patent enthält nur zwei Ansprüche:

1. *„The application of elastic bearings round the tire of carriage-wheels, as before described.*
2. *The application of similar elastic bearings to the surfaces of other rolling bodies, as before exemplified.“*[3]

---

[2] DPMA, https://depatisnet.dpma.de/DepatisNet/depatisnet?action=pdf&docid=US000000086834A, abgerufen am 29.3.2024.

[3] DPMA, https://depatisnet.dpma.de/DepatisNet/depatisnet?action=pdf&docid=US000000005104A, abgerufen am 9.6.2024.

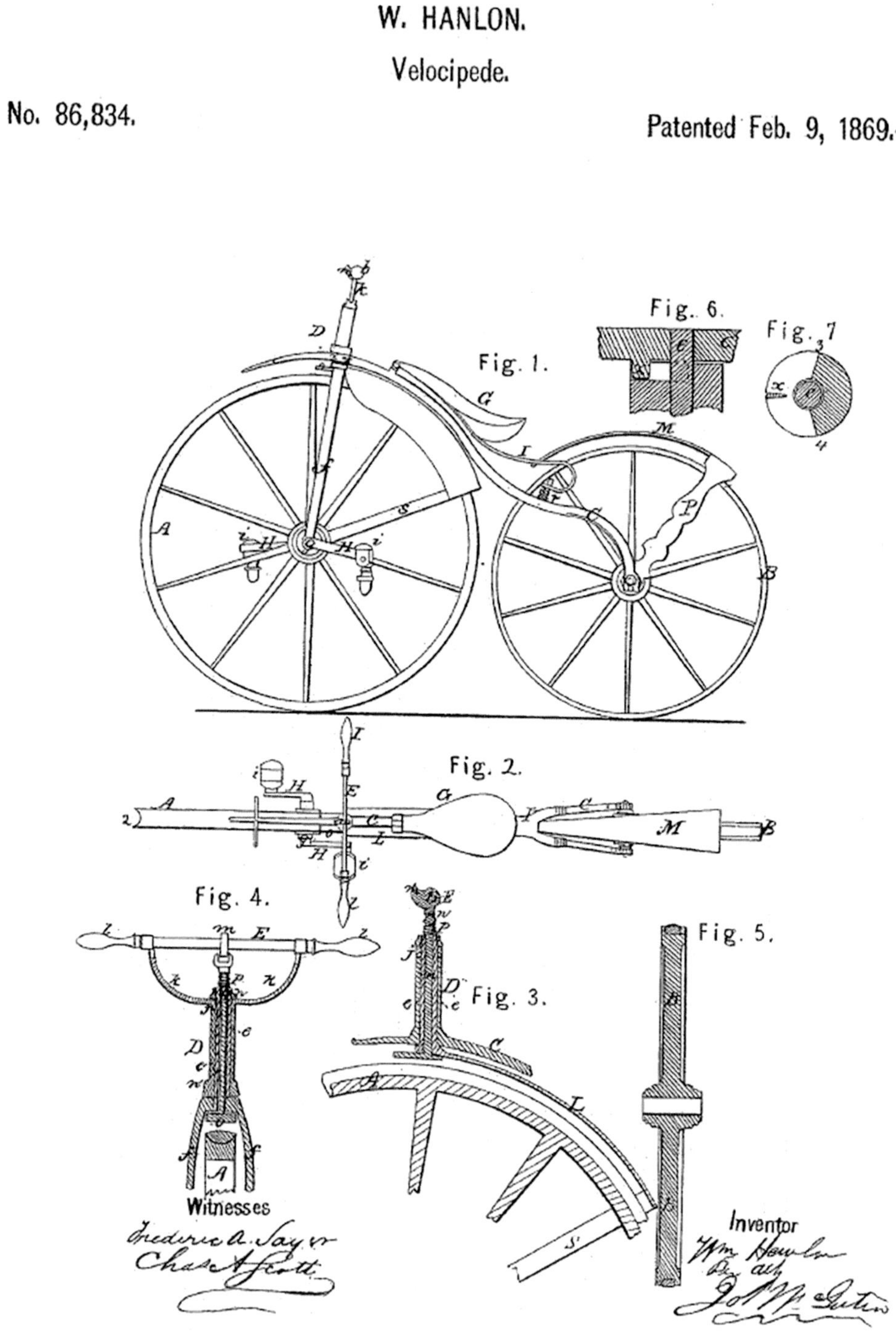

Abb. 2.2 Fig. 1 bis 7 der US86834

Der Hauptanspruch beschreibt elastische Lager um Reifen. Bei der Erfindung von Thomson handelt es sich um einen hohlen Gürtel, der mit Luft aufgepumpt wird. Die Erfindung legt sozusagen ein Luftpolster um die betreffenden Räder, wodurch sich eine sehr gute Dämpfung gegenüber der Übertragung von Bodenunebenheiten auf den Fahrer ergibt.

Die Abb. 2.3 zeigt in der Fig. 3 ein erfindungsgemäßes Rad mit der Lederhülle D, die mit Luft gefüllt ist. Die Fig. 4 zeigt einen Schnitt durch das Rad mit der Lufthülle D, die unten zusammengepresst ist, da sie dort auf dem Boden aufliegt und oben ihre natürliche runde Form annimmt, da sie dort nicht zusammengepresst wird.

Die Abb. 2.3 zeigt in der Fig. 8 eine spezielle Ausführungsform der Erfindung für ein Schienenfahrzeug, bei der luftgefüllte Reifen auf Schienen R laufen, wobei horizontal rotierende Räder K sicherstellen, dass das Schienenfahrzeug nicht die Schienen verlässt und dadurch in der Spur bleibt. M stellt eine parallel zu den Schienen verlaufende Erhebung dar, an der die horizontal rotierenden Räder K ablaufen.

Die Abb. 2.4 zeigt in der Fig. 7 das Schienenfahrzeug mit den Luftreifen in einem Querschnitt mit den Schienen R auf denen die Luftreifen laufen und den horizontal rotierenden Rädern K, die mittels der Erhebung M für die Führung des Schienenfahrzeugs auf den Schienen R sorgen.

2.4 Ventil für Luftreifen: John Boyd Dunlop

John Boyd Dunlop ist der Erfinder des Ventils für Luftreifen für das Fahrrad, wodurch ein bequemes Aufpumpen der Luftreifen ermöglicht wurde. In seinem Patent US 455.899, das am 14. Juli 1891 erteilt wurde, beschreibt er seine Erfindung.

Der Hauptanspruch des Patents lautet:

„*1. The combination, with a body to be inflated, of an elastic tube entering the same, and an imperforate plug contained in said tube inside the said body and forming with the tube a check-valve, said plug being of larger diameter than the bore of the tube, as set forth.*“[4]

Der Anspruch beschreibt den erfinderischen Luftreifen mit einem Rückschlagventil zum Aufpumpen des Luftreifens.

Die Fig. 1 der Abb. 2.5 zeigt einen teilweisen Längsschnitt durch einen Luftreifen C mit einem Ventil A. Das Ventil A ist außerdem in einer perspektiven Darstellung in der Fig. 2 und in einem Längsschnitt in der Fig. 3 illustriert.

[4] DPMA, https://depatisnet.dpma.de/DepatisNet/depatisnet?action=pdf&docid=US000000455899A&xxxfull=1, abgerufen am 29.3.2024.

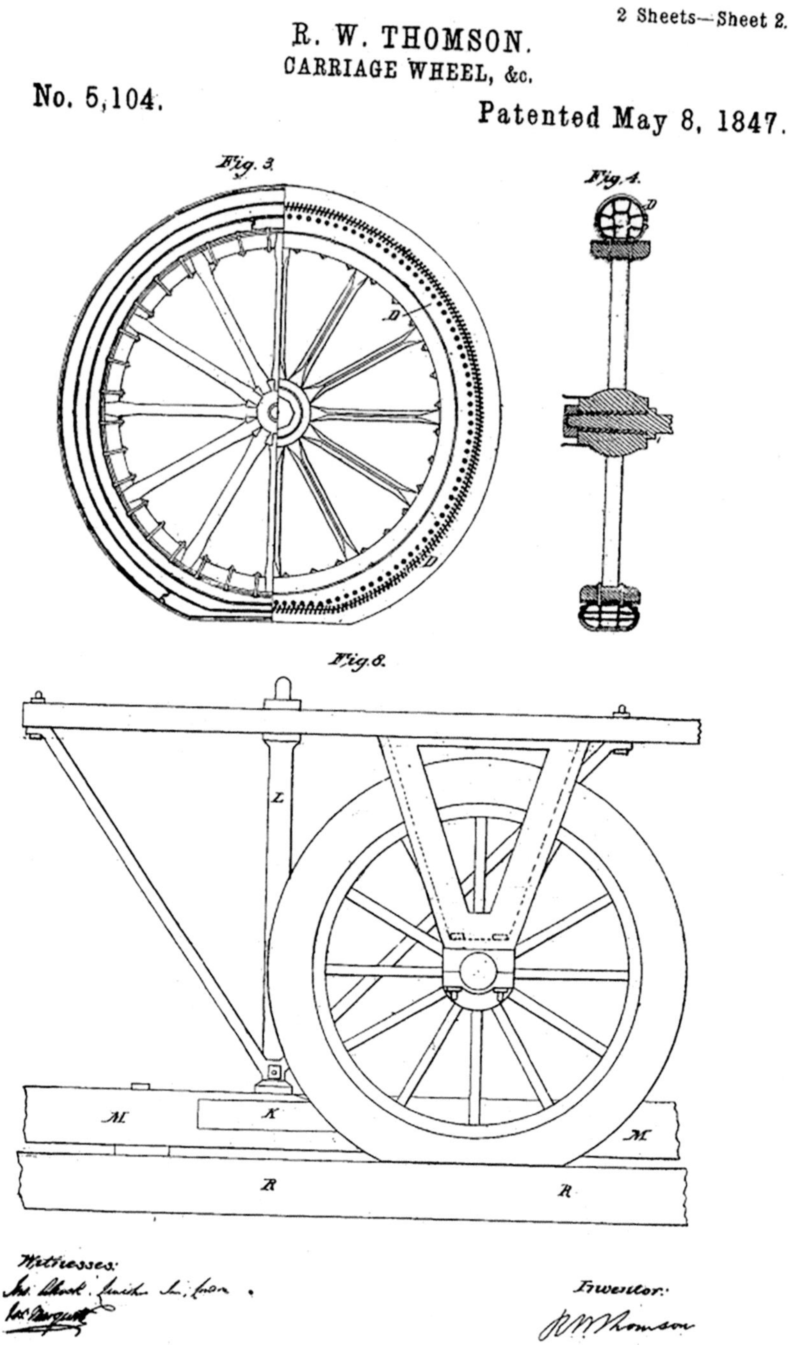

Abb. 2.3 Fig. 3, 4 und 8 der US5104

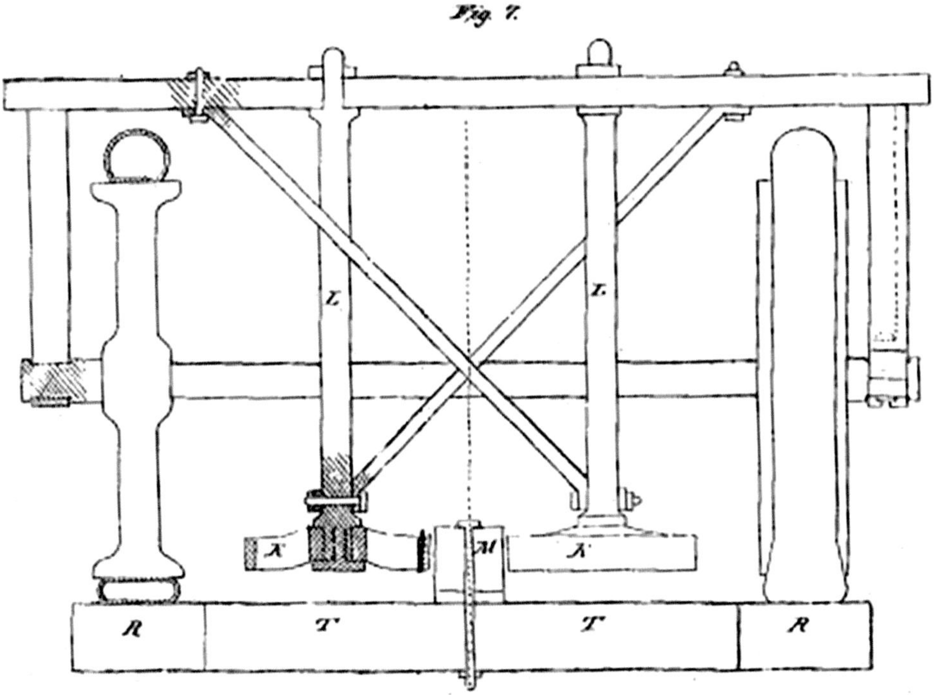

Abb. 2.4 Fig. 7 der US5104

2.5 Felgenbremse

Bei einer Felgenbremse wird ein Bremsklotz direkt auf die Felge eines Rades gedrückt, um damit das Rad abzubremsen. Vorzugsweise werden zwei gegenüberliegende Bremsklötze gleichzeitig auf gegenüberliegende Abschnitte der Felge gepresst. In der US 635.669 A, die am 24. Oktober 1899 zum Patent erteilt wurde, wird eine frühe Felgenbremse offenbart.

Der Hauptanspruch des Patents lautet:

1. „*A cycle-brake consisting of a pair of opening and closing links or arms having inclined slots near their lower ends, brake-shoes carried by said arms, an operating-rod to which the upper ends of said links or arms are connected, and fixed pins or projections passed through said inclined slots and arranged in such manner that when the operating-rod is raised the lower ends of the links are caused to approximate and their shoes to impinge respectively against the opposite sides of the inner periphery of the wheel-rim, substantially as described.*“[5]

[5] DPMA, https://depatisnet.dpma.de/DepatisNet/depatisnet?action=pdf&docid=US000000635669A&xxxfull=1, abgerufen am 29.3.2024.

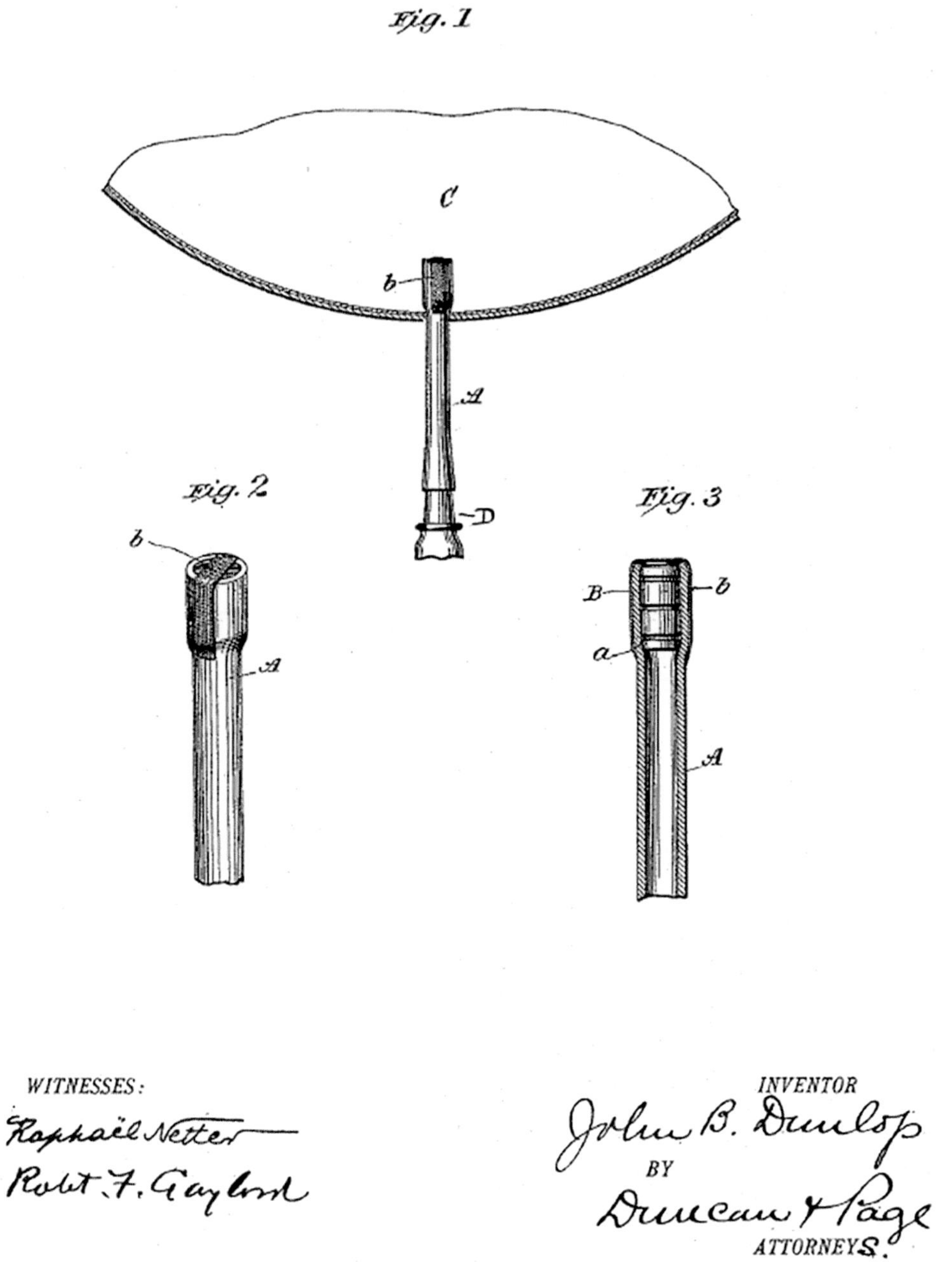

Abb. 2.5 Fig. 1 bis 3 der US455899

In dem Anspruch wird beschrieben, dass Bremsbacken gegen die Radfelge gepresst werden, um eine Bremsung des Fahrrads zu erzielen.

In der Fig. 1 der Abb. 2.6 ist ein Hebel j dargestellt, der angezogen werden kann, damit die Felgenbremse aktiviert wird. Erfindungsgemäß werden Bremsbacken d auf die Radfelge c gepresst, um das Rad abzubremsen.

2.6 Freilauf: A. P. Morrow

Ein Freilauf ermöglicht eine Entkopplung der Pedale von dem Hinterrad, sodass sich die Pedale nicht automatisch weiterdrehen, wenn sich das Hinterrad dreht. Der Freilauf wird durch die Hinterradnabe ermöglicht. Die Hinterradnabe ist das Zentrum des hinteren Rads eines Fahrrads und besteht aus der Achse, dem Lager für die Achse und dem Nabengehäuse, in dem die Achse und das Lager untergebracht sind. Die Hinterradnabe enthält außerdem Bauteile, um den Freilauf zu realisieren. In dem Patent US 646302A, das am 27. März 1900 erteilt wurde, beschreibt Morrow seine Erfindung.

Der Hauptanspruch lautet:

1. „*A hub-braking mechanism for bicycles and like vehicles, comprising the hub having a braking-surface thereon, a sprocket-wheel loosely mounted on the hub, a non-rotative but laterally-movable brake-shoe and means loosely mounted on the hub for forcing the brake-shoe against said braking-surface, comprising a brake-ring having internal cams; a clutch–ring having cams cooperating with those on the brake-ring; and the sprocket wheel provided with means for cooperating with the clutch-ring, and means for locking the sprocket, brake-ring and clutch-ring to the hub during forward driving, and for releasing the hub upon a reversal of motion of the sprocket.*“[6]

Der Anspruch beschreibt einen Nabenbremsmechanismus für Fahrräder mit einer Nabe, die eine Bremsfläche aufweist, einem Kettenrad, das lose auf der Nabe montiert ist, eine nicht drehbare, aber seitlich bewegliche Bremsbacke und Mittel, um die Bremsbacke gegen die Bremsfläche zu drücken. Hierdurch kann eine Hinterradbremse realisiert werden. Außerdem sind Mittel zum Lösen der Nabe bei einer Bewegungsumkehr des Kettenrads vorgesehen, wodurch ein Freilauf ermöglicht wird.
Die Abb. 2.7 zeigt in der Fig. 1 die einzelnen Elemente der erfinderischen Hinterradnabe in einem Querschnitt mit der Achse 1, die in der Lagerhülse 2 gelagert ist, wobei sich die Achse 1 auf Kugellagern 3 abstützt.

[6] DPMA, https://depatisnet.dpma.de/DepatisNet/depatisnet?action=pdf&docid=US000000646302A&xxxfull=1, abgerufen am 8.6.2024.

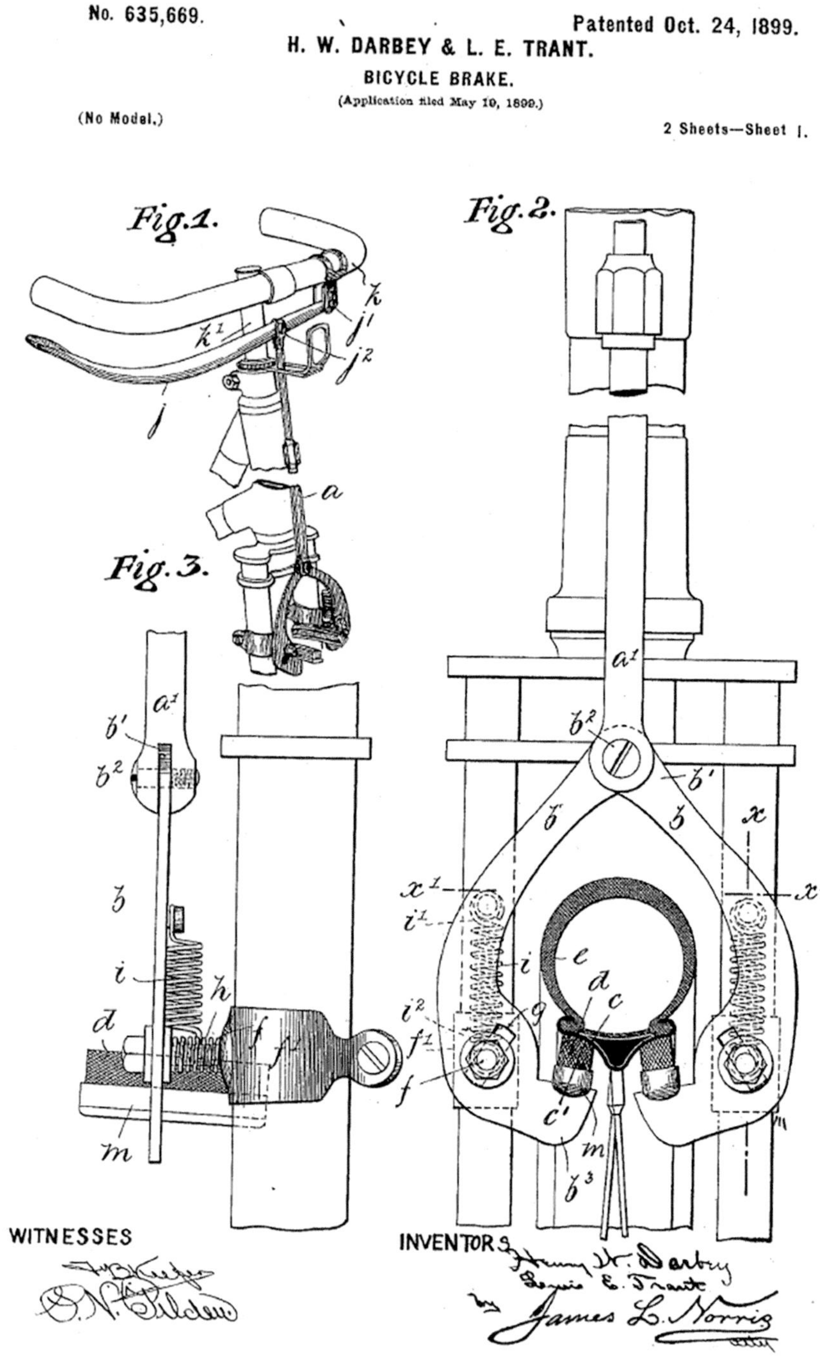

Abb. 2.6 Fig. 1 und 2 der US635669

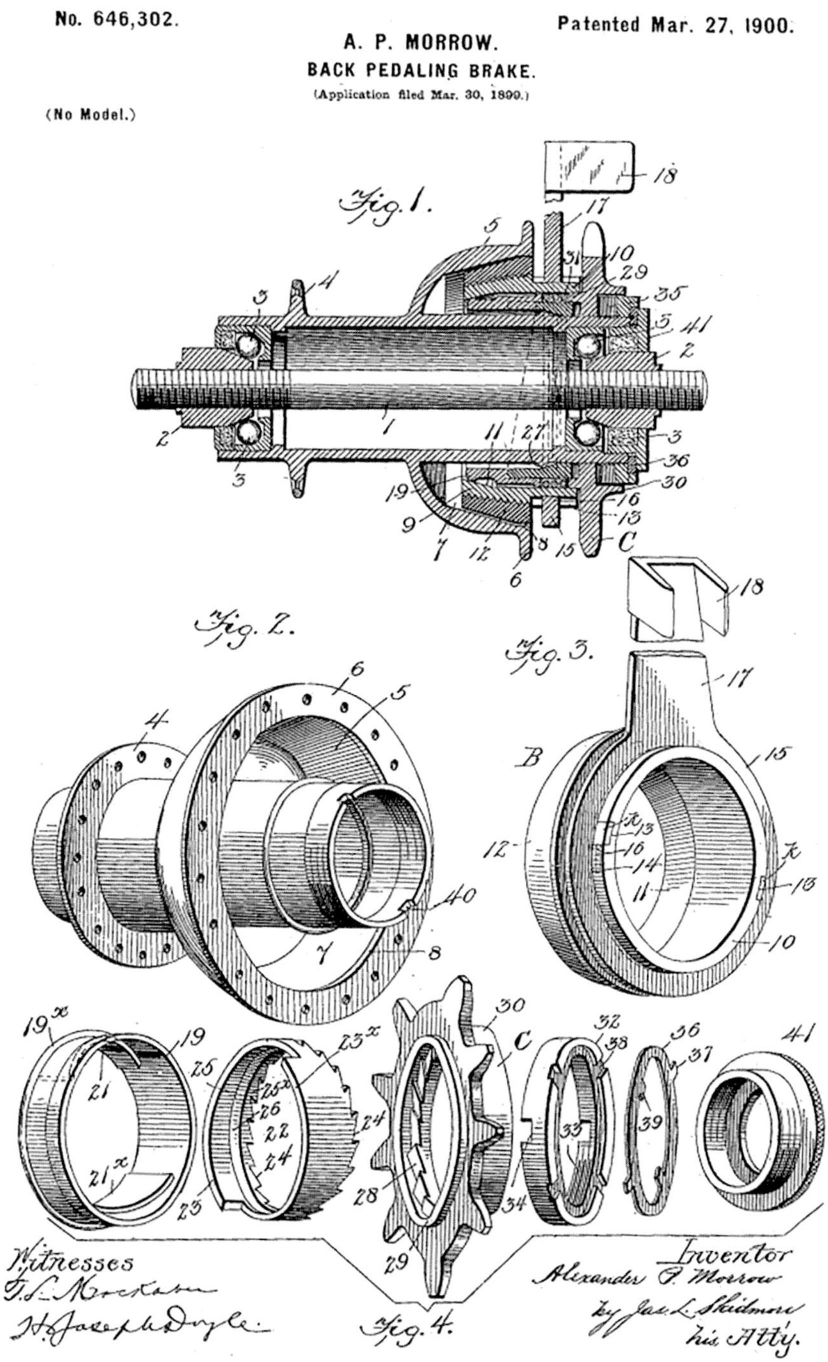

Abb. 2.7 Fig. 1 bis 4 der US646302

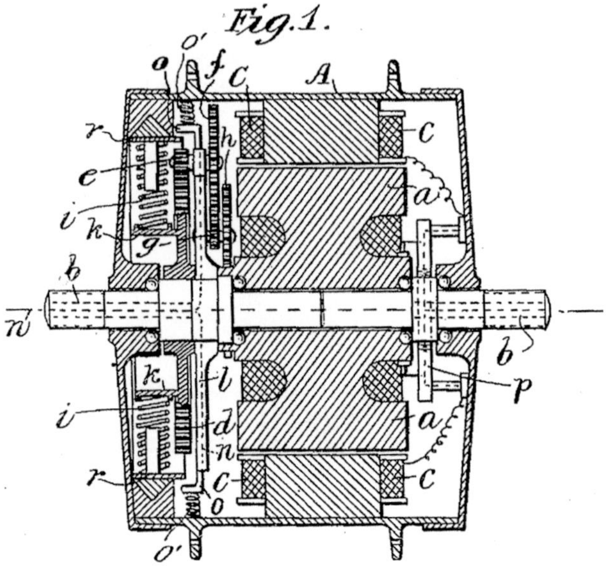

Abb. 2.8 Fig. 1 der US1111864A

2.7 Nabendynamo: Alois Sanladerer

Ein Nabendynamo ist ein Fahrraddynamo, der als eine besondere Ausführungsform einer Nabe am Vorderrad eines Fahrrads ausgebildet ist. Die Nabe eines Fahrrads stellt insbesondere die Lagerung der Radachse dar. Alois Sanladerer ist der Erfinder des Nabendynamos, den er in seinem Patent US 1.111.864A, das am 29. September 1914 erteilt wurde, beschreibt. In dem Hauptanspruch des Patents werden die erfindungswesentlichen Merkmale aufgeführt:

1. *„The combination with a rotary casing, of an armature mounted for rotation in said casing, a set of field magnets disposed within said casing, and an elastic driving clutch between said casing and armature for driving the latter oppositely to the casing.“*[7]

Der Hauptanspruch beschreibt, dass in die Nabe des Vorderrads ein Elektrogenerator eingebaut ist. Mit einem Elektrogenerator kann während der Fahrt elektrische Energie beispielsweise für Leuchtmittel erzeugt werden. Eine Fahrradnabe weist dazu beste physikalische Bedingungen auf, denn die Nabe umfasst zueinander rotierende Teile, wodurch Strom durch elektromagnetische Induktion erzeugt werden kann.
Die Abb. 2.8 zeigt im Querschnitt den erfinderischen Fahrraddynamo, bei dem die technische Herausforderung ist, einen konstanten Strom bei unterschiedlichen Geschwindig-

[7] DPMA, https://depatisnet.dpma.de/DepatisNet/depatisnet?action=pdf&docid=US000001111864A&xxxfull=1, abgerufen am 8.6.2024.

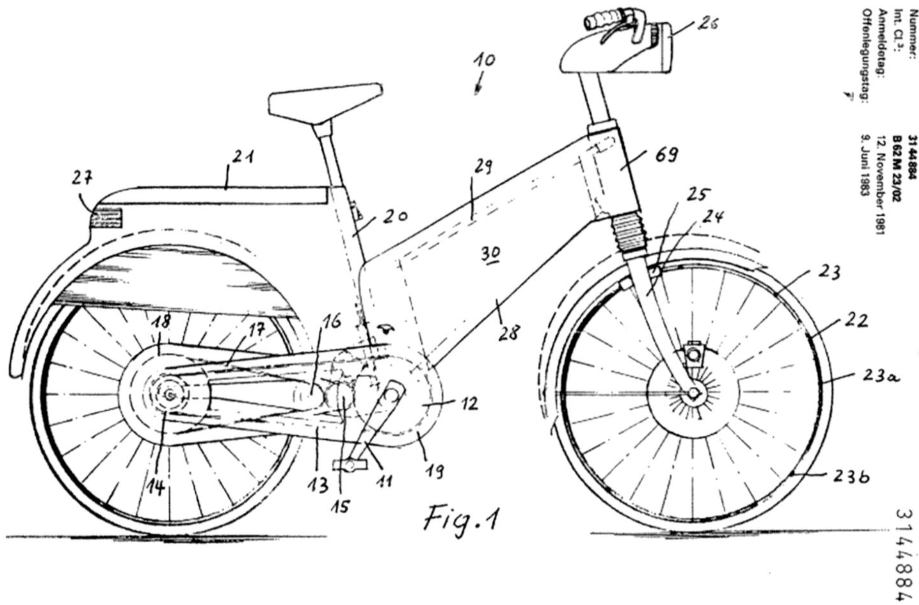

Abb. 2.9 Fig. 1 der DE3144884

keiten des Fahrrads zu erzeugen. Ansonsten bestünde das Risiko, dass der Fahrraddynamo, das Leuchtmittel und die Verkabelung bei hoher Geschwindigkeit mit einem Überstrom beschädigt. Hierzu weist der Fahrraddynamo Federn i auf, die dafür sorgen, dass sich bei hoher Geschwindigkeit des Fahrrads ein Schlupf der Elemente des Elektrodynamos ergibt, der den durch elektromagnetische Induktion erzeugten Strom begrenzt. Ein Schlupf bedeutet, dass bei zueinander in Reibkontakt stehenden Bauteilen ein Bauteil dem anderen hinterherhinkt. Die Federn i führen daher zu einer Geschwindigkeitsbegrenzung und damit zu einer Begrenzung der Höhe des erzeugten Stroms.

2.8 Elektrofahrrad: Egon Gelhard

Egon Gelhard ist der Erfinder des Elektrofahrrads/E-Bikes. In seiner Patentanmeldung DE 3144884 A1, die am 12. November 1981 beim deutschen Patentamt eingereicht wurde, beschreibt er sein erfindungsgemäßes Fahrrad mit einem Elektromotor. Der Hauptanspruch der Patentschrift lautet:

1. *„Fahrrad mit einem Antrieb durch einen Elektromotor, dadurch gekennzeichnet, dass der Elektroantrieb (15) und der Pedalantrieb (36, 37) über jeweils zugeordnete Ketten (57, 40) und Kettenräder (58, 41) auf das Getriebe der Hinterradnabe (9) ein-*

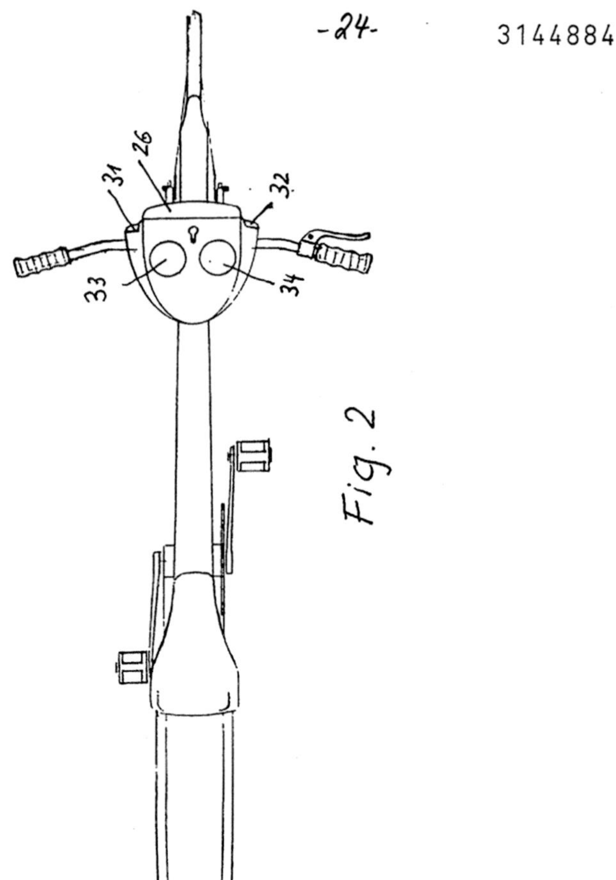

Abb. 2.10 Fig. 2 der DE3144884

wirken und den Kettenrädern (58, 41) beider Antriebssysteme Freiläufe zugeordnet sind.“[8]

Der Hauptanspruch der Patentanmeldung beschreibt ganz allgemein, dass das erfindungsgemäße Fahrrad zwei Antriebsarten hat, wobei sich die beiden Antriebsarten durch die Anordnung von Freiläufen nicht gegenseitig behindern.

[8] DPMA, https://depatisnet.dpma.de/DepatisNet/depatisnet?action=pdf&docid=DE000003144884A1&xxxfull=1, abgerufen am 8.6.2024.

Die Abb. 2.9 zeigt das Fahrrad in einer Seitenansicht mit Batterien, die im Bereich 30 angeordnet sind. Der Elektromotor ist mit dem Bezugszeichen 15 gekennzeichnet. Außerdem wird in dem Patent ein Generatorbetrieb des Elektromotors beispielsweise bei einer Talfahrt beschrieben, sodass die Batterien 30 aufgeladen werden können.

Die Abb. 2.10 zeigt das erfindungsgemäße E-Bike in einer Draufsicht mit Blinkelementen 31 und 32 und Anzeigeelementen 33 und 34. Mit den Anzeigeelementen 33 und 34 kann beispielsweise dem Fahrer signalisiert werden, ob die Batterie 30 ausreichend geladen ist und ob sich der Elektromotor im Motor- oder Generatorbetrieb befindet.

Schienenfahrzeuge 3

Bei Schienenfahrzeugen handelt es sich um Fahrzeuge, die nur auf Schienen fahren können und daher in ihrer Mobilität stark eingeschränkt sind. Allerdings weisen Schienenfahrzeuge auch den Vorteil auf, dass die Schienen für das betreffende Fahrzeug freigehalten werden können und daher dem Schienenfahrzeug in aller Regel ein ungestörtes Fahren ermöglicht wird.

3.1 Dampfmaschine: James Watt

James Watt ist nicht der Erfinder der Dampfmaschine, aber er verbesserte die Dampfmaschinen seiner Zeit in einer Weise, dass sie sich auch für den mobilen Einsatz eigneten. Erst die Watt´schen Dampfmaschinen ermöglichten die Dampfschifffahrt und die dampfbetriebene Eisenbahn, da aufgrund des hohen Wirkungsgrads seiner Dampfmaschinen im Vergleich zu den bis dahin verfügbaren Dampfmaschinen nur noch ein Drittel der Kohle zum Betrieb erforderlich war. Ein Mitführen des benötigten Brennstoffs auf einem Zug oder einem Schiff wurde daher möglich.

3.2 Dampfkessel: Otto Lilienthal

Otto Lilienthal entwickelte die Dampfmaschinen seiner Zeit weiter und konnte so insbesondere die Betriebssicherheit der damaligen Dampfkessel verbessern. In dem Patent DE 16103A mit dem Titel „Neuerungen an Dampfkesseln", das am 9. April 1881 erteilt wurde, werden Fortentwicklungen der Dampfmaschine offenbart. Der Anspruch des Patents lautet:

T. Meitinger, *Fahrzeuge. Hightech in Patenten*,
https://doi.org/10.1007/978-3-662-70137-9_3

„Ein Dampfkessel, aus einem inneren aufwärts und einem äufseren abwärts steigenden schraubenförmig gewundenen Rohr bestehend, mit drei concentrischen, von innen nach aufsen aufeinander folgenden Feuerzügen, und an demselben:

a) *die Construction des um ein Scharnier drehbaren und durch eine Kurbelwelle herunterzuklappenden Rostes, auf den das Brennmaterial aus einem trichterförmigen oberen Behälter durch ein enges Rohr herabfällt.*
b) *Die Anordnung des horizontalen, auf der verlängerten Schwungradwelle steckenden Federregulators in Verbindung mit dem Zugschieber für die unter den Rost tretende Luft.“*[1]

Der Anspruch des Patents von Lilienthal ist in einer Weise geschrieben, die heutzutage kein Patentamt akzeptieren würde. Die Formulierung eines eigenen Patentanspruchs sollte sich daher nicht nach historischen Patenten richten. Ein Anspruch ist in einem einzelnen Satz abzufassen und nicht in zwei wie hier. Unteransprüche sind durchzunummerieren und ihren Bezug beispielsweise mit „nach einem der vorhergehenden Ansprüche“ kenntlich zu machen. Die Abb. 3.1 zeigt ein Füllrohr zur Aufnahme von kleinkörnigem Brennmaterial, das je nachdem wie das Brennmaterial bereits abgebrannt ist, frisches Brennmaterial nach unten freigibt. Die erfinderische Dampfmaschine zeichnet sich daher dadurch aus, dass eine dosierte Zuführung von Brennstoff zur Brennkammer ermöglicht wird, wodurch ein kontinuierlicher Brennprozess in der Dampfmaschine sichergestellt wird.

Eine weitere Fortentwicklung der Dampfmaschine beschreibt Lilienthal in dem Patent DE 29080 A mit dem Titel „Schlangenrohrkessel“, das am 30. April 1884 erteilt wurde. Die Patentansprüche lauten:

1. *„Ein Dampfkessel, aus einem flach gewundenen Schlangenrohr bestehend, dessen Windungen, den Feuerraum umgebend, auf einer Seite die Rostfläche und die Roststäbe bilden, während die Feuergase auf der anderen Seite durch die Spielräume zwischen den Windungen streichen, und welches so schräg gelagert ist, dafs durch Oeffnen einer unteren Klappe das Brennmaterial aus dem von den Schlangenwindungen gebildeten Raum herausrutscht, während die Klappe selbst in geschlossenem Zustande geneigt ist, so dafs keine Asche auf derselben sich ansammeln kann.*
2. *An diesem Dampfkessel:*
   a) *die Anordnung einer zweiten, entweder einfachen oder doppelten Rohrschlange zur Dampftrocknung, welche mit der ersteren derartig in einem Kasten gelagert ist, dafs die Feuergase das untere Ende einer Scheidewand zu umspülen haben und von unten bis oben die zweite Schlange durchstreichen müssen, um nach dem oben angebrachten Rauchrohr zu gelangen;*

[1] DPMA, https://depatisnet.dpma.de/DepatisNet/depatisnet?action=pdf&docid=DE000000016103A, abgerufen am 24.6.2024.

Abb. 3.1 Fig. 1 der DE16103

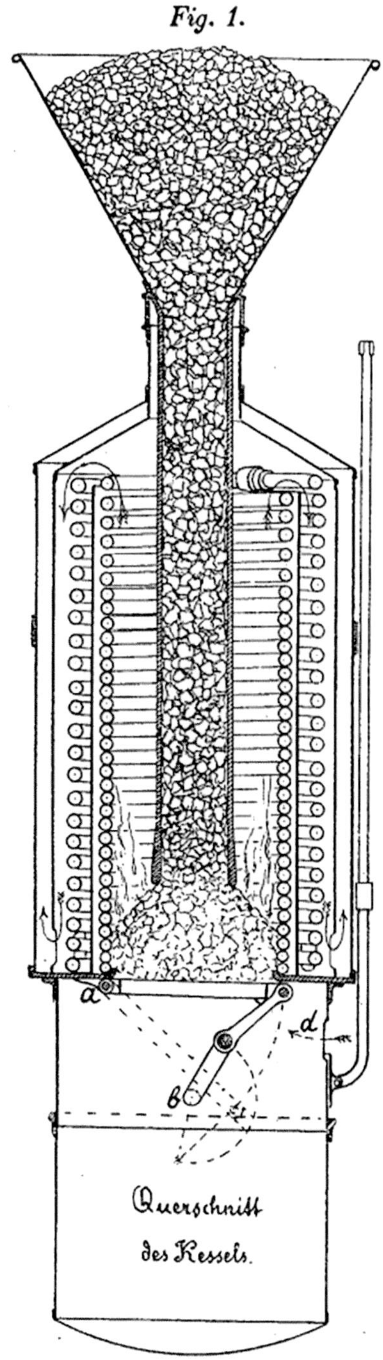

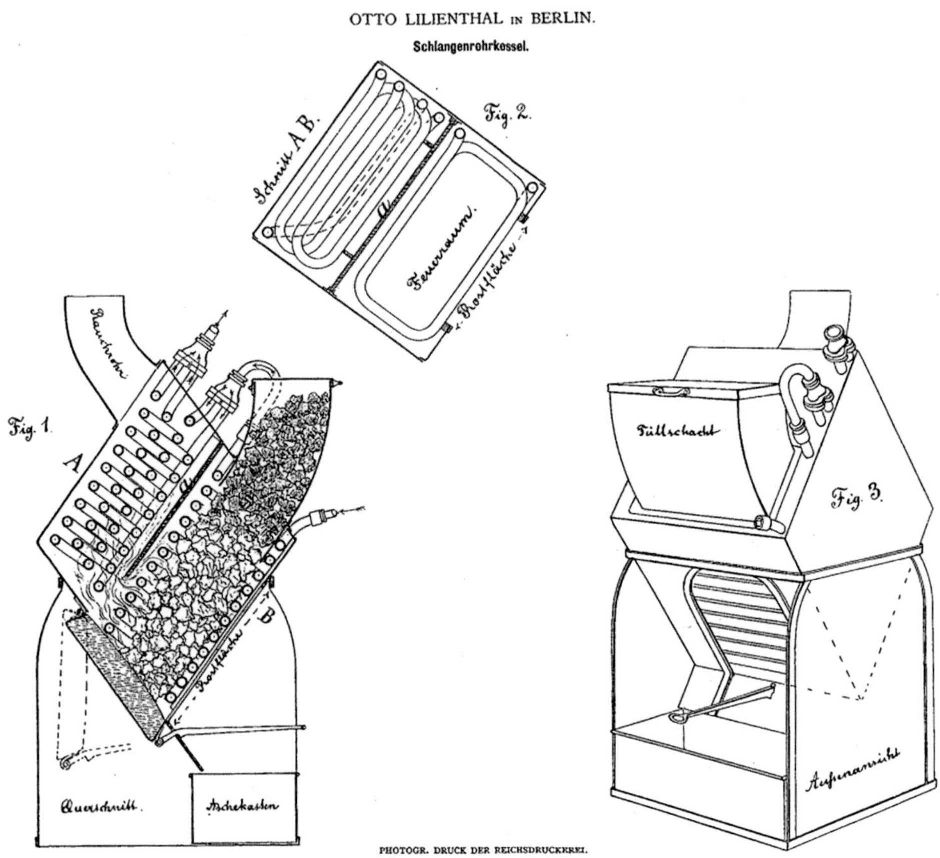

Abb. 3.2 Fig. 1 bis 3 der DE29080

b) *die Anordnung eines Füllschachtes zur selbsttätigen Speisung mit Brennmaterial in Verbindung mit dem durch die Rohrwindungen streichenden und nach unten gerichteten Feuerzuge zur Entzündung der aus den oberen Brennmaterialschichten sich entwickelnden brennbaren Gase.*“[2]

Die Abb. 3.2 zeigt den erfinderischen Dampfkessel, bei dem der Füllschacht schräg angeordnet ist, um ein automatisches Einrieseln des Brennmaterials in den Brennraum zu ermöglichen.

[2] DPMA, https://depatisnet.dpma.de/DepatisNet/depatisnet?action=pdf&docid=DE000000029080A, abgerufen am 24.6.2024.

3.3 Straßenbahn: Walter Reichel

Emil Berthold Walter Reichel, geboren am 27. Januar 1867 und gestorben am 23. Mai 1937, war ein deutscher Ingenieur, der in der Bahnabteilug der Siemens & Halske AG in Berlin tätig war.

Walter Reichel entwickelte insbesondere den Bügelstromabnehmer, der die Versorgung mit elektrischer Energie beispielsweise einer Straßenbahn oder eines Oberleitungsbusses über eine stromführende Oberleitung ermöglicht. Wichtig bei einem Stromabnehmer ist, dass die elektrische Energieversorgung permanent sichergestellt wird, auch zum Beispiel bei einer Kurvenfahrt der Straßenbahn bzw. des Busses. Hierzu muss der Stromabnehmer elastische Elemente aufweisen, damit die sich ändernde Distanz zwischen Oberleitung und Fahrzeug in jeder Situation überbrückt werden kann. Der Vorteil der Bügelstromabnehmer von Reichel gegenüber den bis dato verwendeten Stangenabnehmern ist die Tatsache, dass die Bügelabnehmer nicht von der Oberleitung abrutschen konnten und daher die Fahrzeuge mit Bügelabnehmer mit einer höheren Geschwindigkeit betrieben werden konnten. Walter Reichel beschreibt seine Erfindung in der Patentschrift DE 53783, die am 16. Oktober 1889 zum Patent führte, und den Titel „Stromabnahme für elektrische Bahnen mit oberirdischer Stromzuführung" trägt. Das Patent umfasst nur einen Anspruch:
„Ein Stromabnehmer für elektrisch betriebene Bahnen mit oberirdischer Stromzuführung, bestehend aus einem eine Parallelogrammführung bildenden Gestänge, welches entweder direct von den Wagenachsenlagern (Fig. 1 und 2) oder auch von dem Wagengestell (Fig. 3 und 4) – von denselben elektrisch isoliert – getragen und durch Federkraft stets nach aufwärts gedrückt wird, wobei die einzelnen stromabnehmenden Theile oder Stromschlufsstücke an der oberen waagrechten Querverbindung des Parallelogramms befestigt sind, so dafs dieselben auch bei wechselnder Entfernung zwischen der elektrischen Leitung und den Wagenachsen bezw. dem Wagengestell stets in derselben Lage und in steter Berührung mit der Leitung erhalten werden."[3]

Die Abb. 3.3 zeigt die erfindungsgemäße Stromabnahme für elektrische Bahnen mit einer Oberleitung, wobei das zu lösende Problem darin besteht, dass der Abstand von dem Schienenzug zur Oberleitung variiert. Um die Funktionsfähigkeit des Zugs sicherzustellen, muss jedoch zu jedem Zeitpunkt eine elektrische Verbindung zwischen der Oberleitung und dem Zug bestehen. Außerdem muss sichergestellt werden, dass die Stromabnehmer keine variierende Neigung aufweisen. Die Stromabnehmer müssen daher in der Höhe variiert werden können und außerdem müssen die Stromabnehmer parallel zu der Oberleitung gehalten werden. Erfindungsgemäß werden die Stromabnehmer hierzu durch eine Parallelogrammführung in der waagrechten Lage gehalten. In

[3] DPMA, https://depatisnet.dpma.de/DepatisNet/depatisnet?action=pdf&docid=DE000000053783A, abgerufen am 10.6.2024.

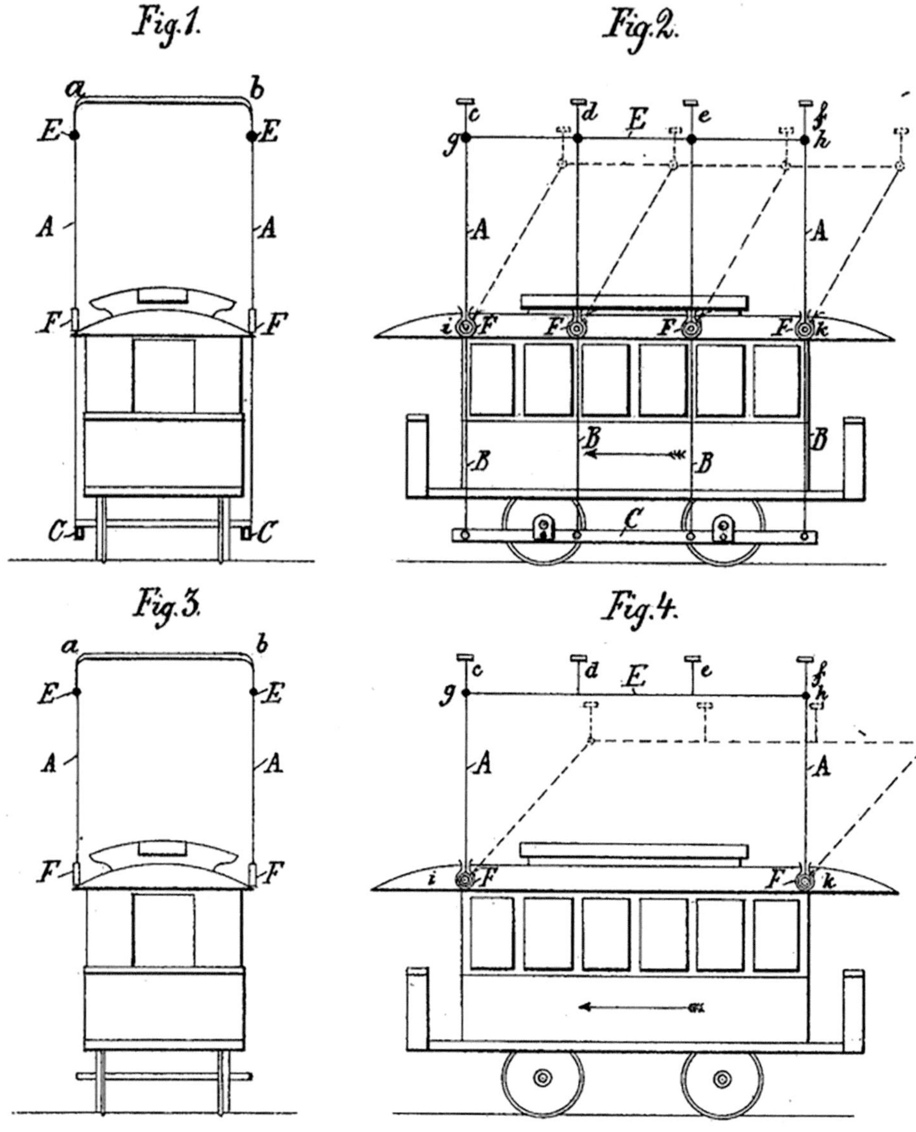

Abb. 3.3 Fig. 1 bis 4 der DE53783

der Abb. 3.3 sind a und b stromabnehmende Abschnitte, die durch Federn über Stangen A nach oben gedrückt werden.

Walter Reichel hat sich auch mit einem Kuppelsystem für die einzelnen Waggons eines Schienenzugs beschäftigt. In der US 688337 A, die am 10 Dezember 1901 zum Patent erteilt wurde, beschreibt er sein Konzept, gemäß dem bis heute die Waggons eines Zugs elektrisch miteinander verbunden werden. Eine elektrische Verbindung aller Waggons ist erforderlich, damit in jedem Waggon elektrischer Strom für insbesondere

Leuchtmittel zur Verfügung steht. Der Hauptanspruch des Patents, das am 19. Februar 1900 beim Patentamt angemeldet wurde, lautet:

1. „*Means for electrically connecting railway-cars, comprising a couple of swinging members, one for each car, rests upon which said members can be supported, said members being adapted to come into contact with one another, and one of the same being adapted to slide above the other, the latter resting upon its rest and the upper one tending to descend and thereby to exert a pressure between the two members, substantially as set forth.*“[4]

In dem Anspruch wird beschrieben, dass eine Verbindungsmöglichkeit zur Verfügung gestellt wird, wobei hierzu flexible Elemente verwendet werden, die sich mit einer Kraft aufeinander abstützen und jeweils auf flächigen Abschnitten gleiten können, ohne den Kontakt zu verlieren. Auf diese Weise kann auch bei einer Bewegung von zwei Waggons zueinander eine elektrische Verbindung aufrechterhalten werden.

Die Abb. 3.4 zeigt zwei benachbarte Waggons 1 und 2 mit Stoßstangen 3 und Kontakten 4 zur elektrischen Verbindung. Diese Kontakte 4 sind um eine Welle 6 drehbar nach oben und unten ausgeformt, sodass sie in der Höhe variabel sind. Mit den Isolatoren 10 wird ein Kurzschluss mit der Karosserie des Waggons verhindert. Mittels Erhebungen 5 wird eine gute elektrische Verbindung sichergestellt.

Die Abb. 3.5 zeigt eine besondere Ausführungsform der elektrischen Verbindungsvorrichtung in einem Querschnitt, wobei innerhalb der Kontakte 4 Federn 13 angeordnet sind, die die Kontakte 4 horizontal ausrichten, sodass die Kontakte 4 aufeinander gepresst werden, wenn sie zusammengeschoben werden. Bei dem nach unten gedrückten Kontakt 4, der am linken Waggon 1 angeordnet ist, verhindert ein Vorsprung 14, dass der Kontakt 4 vollständig nach unten gedrückt wird. Auf diese Weise wird ein ausreichender Pressdruck der Kontakte 4 sichergestellt, wodurch eine gute elektrische Verbindung gewährleistet ist.

Die Abb. 3.6 zeigt die Kontakte 4 und den Vorsprung 5 des oberen Kontakts 4 in einer Draufsicht.

Die Abb. 3.7 zeigt eine besondere Ausführungsform der elektrischen Kupplung der Waggons 1 und 2, wobei zur Sicherstellung der Verbindung Elektromagnete genutzt werden.

Die Abb. 3.8 zeigt die besondere Ausführungsform der Erfindung mit Spulen 17, die zu einem magnetischen Fluss in den Kontakten führen, und dadurch eine feste, lösbare Verbindung der Kontakte 4 sicherstellen. Sinnvollerweise bilden bei dieser Ausführungsform die Kontakte 4 eine U-Form.

Walter Reichel hat sich zudem mit der Installation von Oberleitungen beschäftigt. In seinem Patent US 472810 A, das am 12. April 1892 erteilt wurde, beschreibt er seine Erfindung. Die Erfindung löst das Problem, eine Oberleitung durch Querträger zu hal-

[4] DPMA, https://depatisnet.dpma.de/DepatisNet/depatisnet?action=pdf&docid=US000000688337A&xxxfull=1, abgerufen am 10.5.2024.

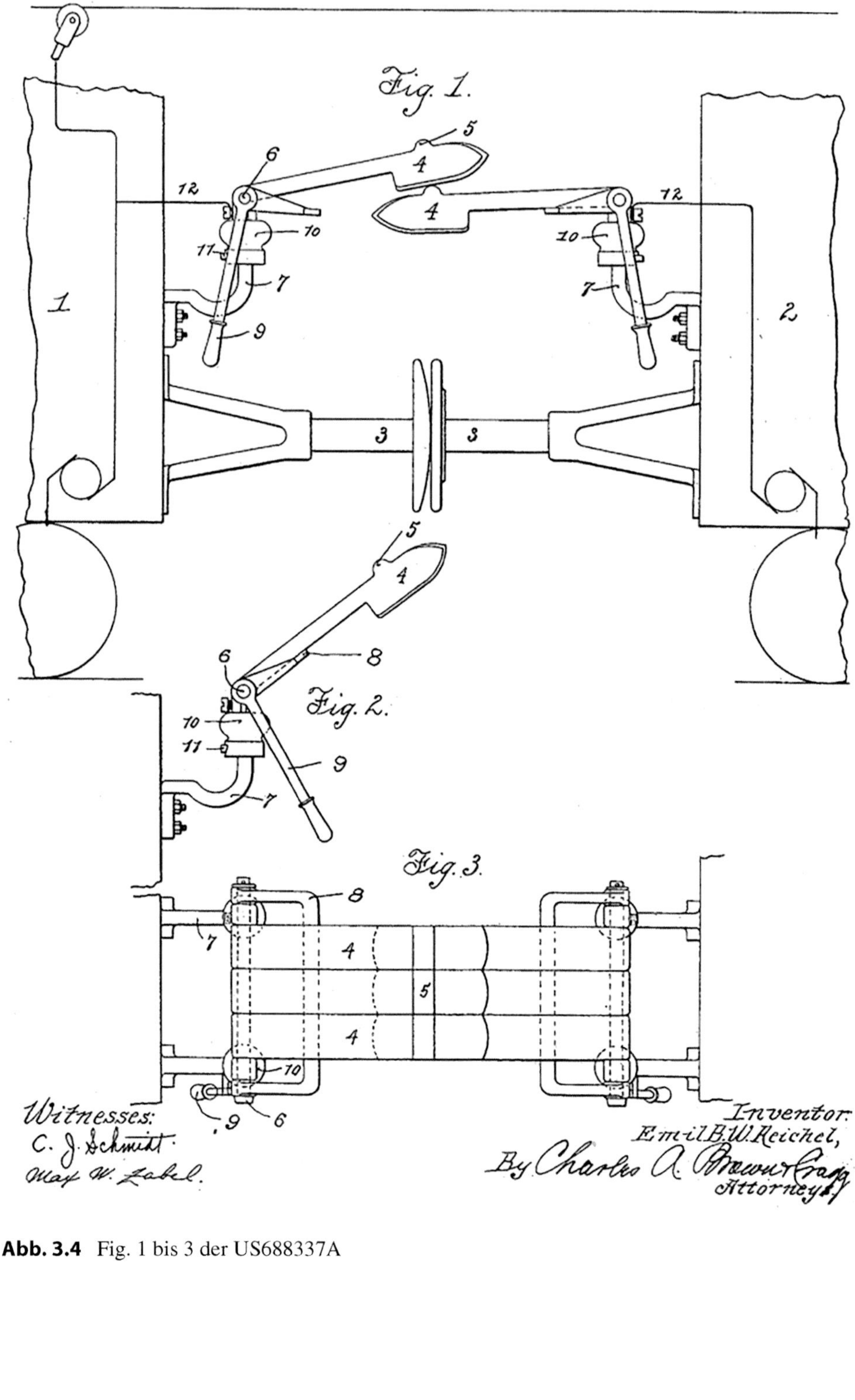

Abb. 3.4 Fig. 1 bis 3 der US688337A

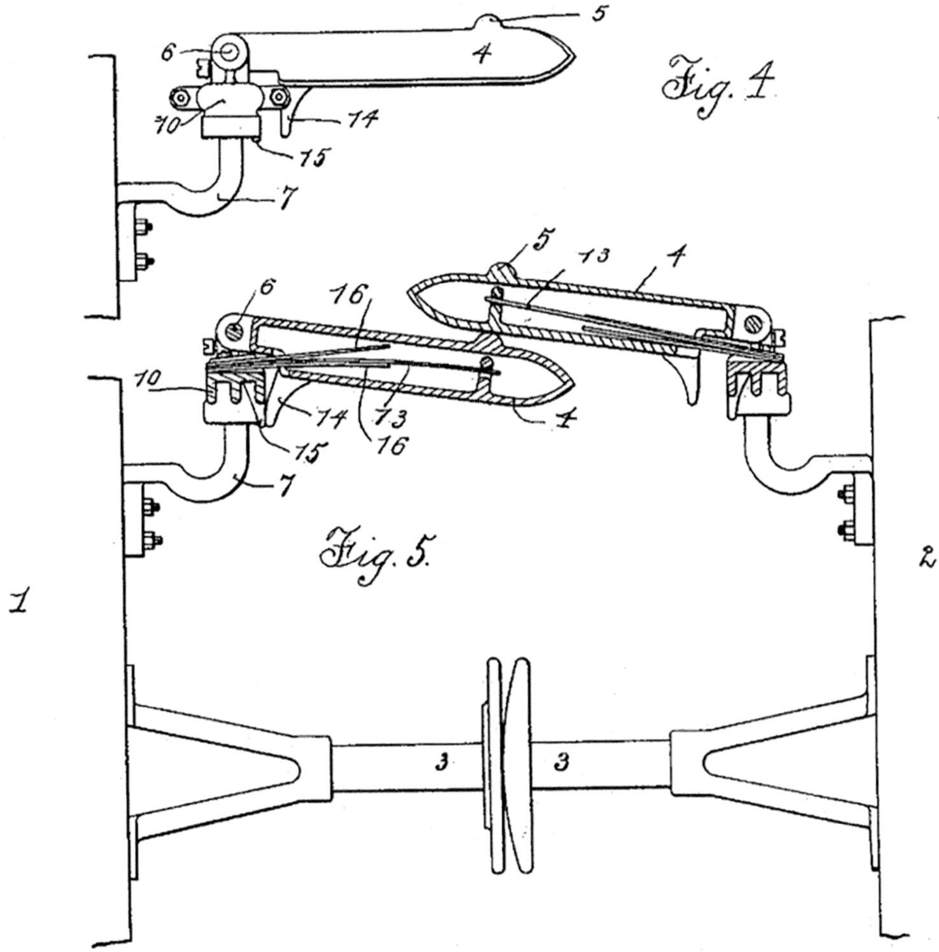

Abb. 3.5 Fig. 4 und 5 der US688337A

ten und trotzdem eine ununterbrochene Stromabnahme sicherzustellen. An Verbindungspunkten der Querträger mit der Oberleitung droht jedoch das Entgleisen der Rolle zum Abgreifen des Stroms, da sie durch den Querträger aus der Oberleitung nach unten gedrückt wird. Damit dies nicht passiert, sieht die erfindungsgemäße Ausführung an den Verbindungsbereichen eine doppelte Oberleitung vor, wobei durch Spreizelemente eine untere von einer oberen Oberleitung getrennt wird. Nur an der oberen Oberleitung sind Querträger befestigt, sodass die Rollen zur Stromabnahme in ihrem Lauf in den unteren Abschnitten der Oberleitungen nicht beeinträchtigt werden.

Die Abb. 3.9 zeigt eine Oberleitung, die um eine Kurve läuft und daher mit Querdrähten Q gestützt und geführt werden muss. Die Querdrähte Q sind insbesondere an dem oberen Ende der Spreizelemente befestigt, sodass eine Rolle bei einer Biegung unbeeinträchtigt auf der unteren Oberleitung abrollen kann.

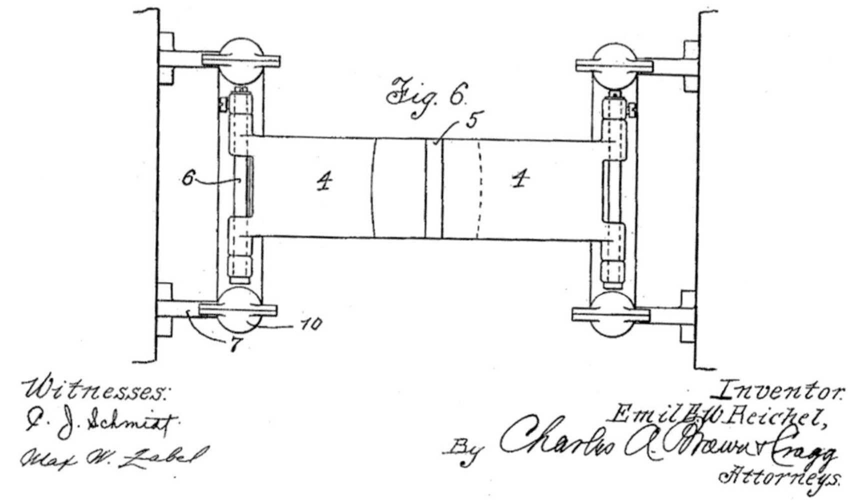

Abb. 3.6 Fig. 6 der US688337A

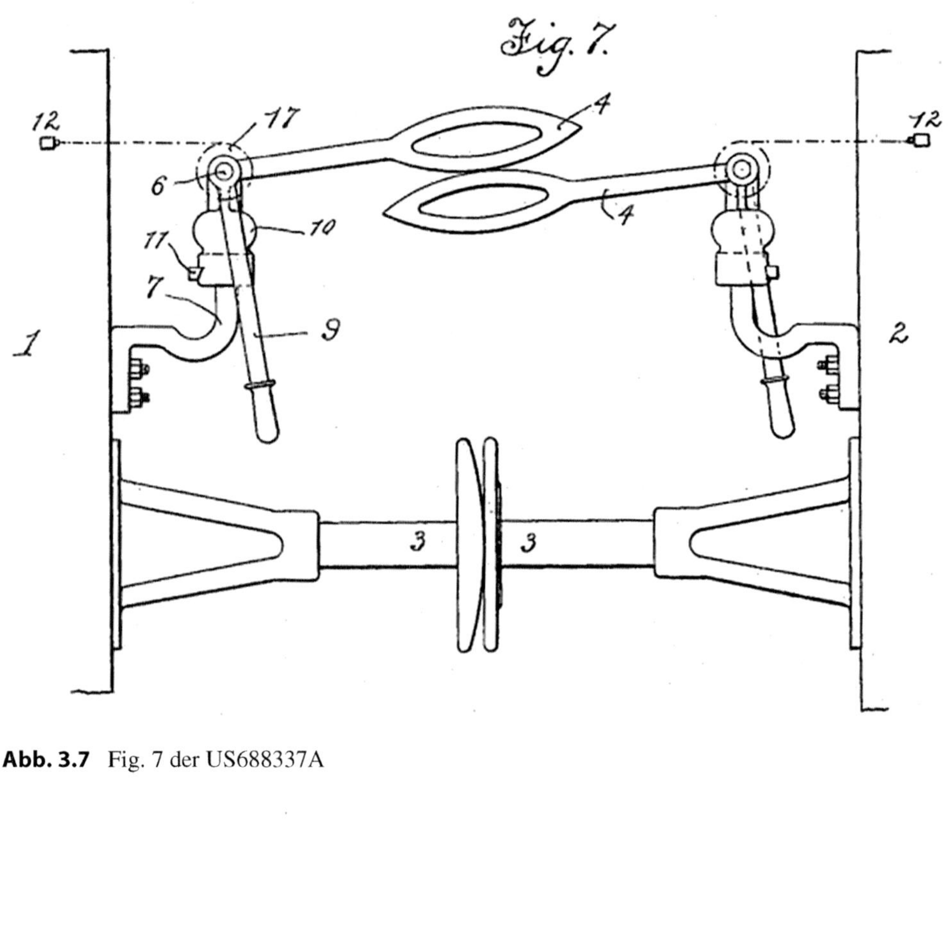

Abb. 3.7 Fig. 7 der US688337A

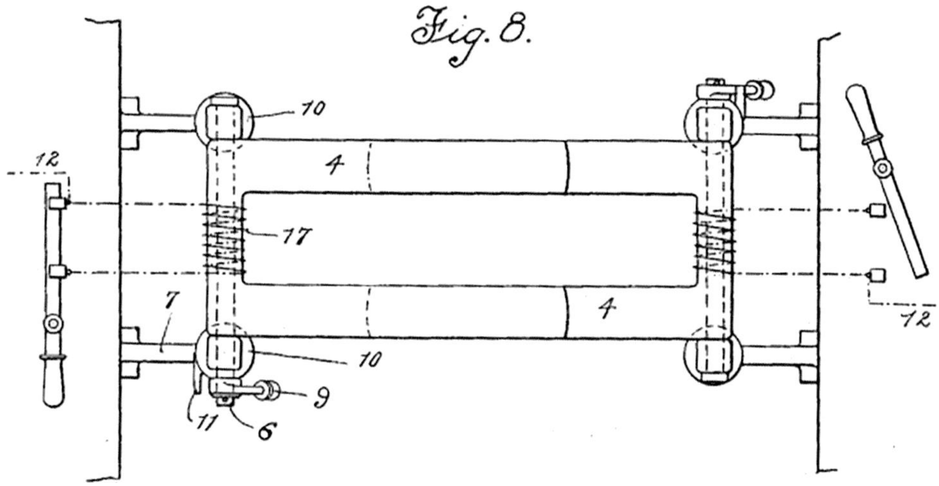

Abb. 3.8 Fig. 8 der US688337A

Die Abb. 3.10 zeigt die Kurvenbildung einer Oberleitung A mit Querdrähten Q in einer Darstellung von unten.

Die Abb. 3.11 zeigt die Rolle C zur Stromabnahme mit der Oberleitung A, wobei durch einen Spreizer Z ein ausreichender Abstand zum Querdraht Q geschaffen wird, wodurch der Lauf der Rolle C nicht von dem Querdraht Q gestört wird.

Der Hauptanspruch des Patents lautet:

1. „*In overhead conductors for electric railroads, the combination, with the working wire, of a second wire attached thereto and nearly parallel therewith, a rigid spreader between said wires, and a cross-wire connected to said spreader between said working and second wires, substantially as and for the purposes described.*“[5]

Der Anspruch beschreibt die Aufspaltung der stromführenden Oberleitung durch einen Spreizer, wodurch ein Querdraht an der Oberleitung befestigt werden kann und der Stromabnehmer eines Schienenzugs nicht von dem Querdraht beeinträchtigt wird, da dieser mit der unteren Oberleitung in Verbindung steht.

[5] DPMA, https://depatisnet.dpma.de/DepatisNet/depatisnet?action=pdf&docid=US000000472810A&xxxfull=1, abgerufen am 10.5.2024.

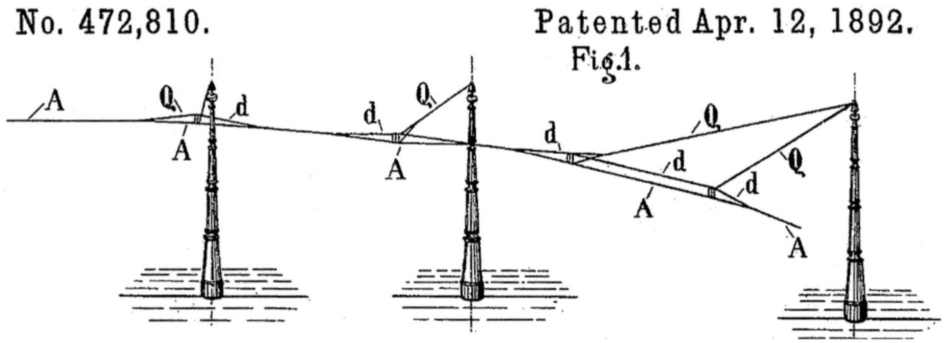

Abb. 3.9 Fig. 1 der US472810A

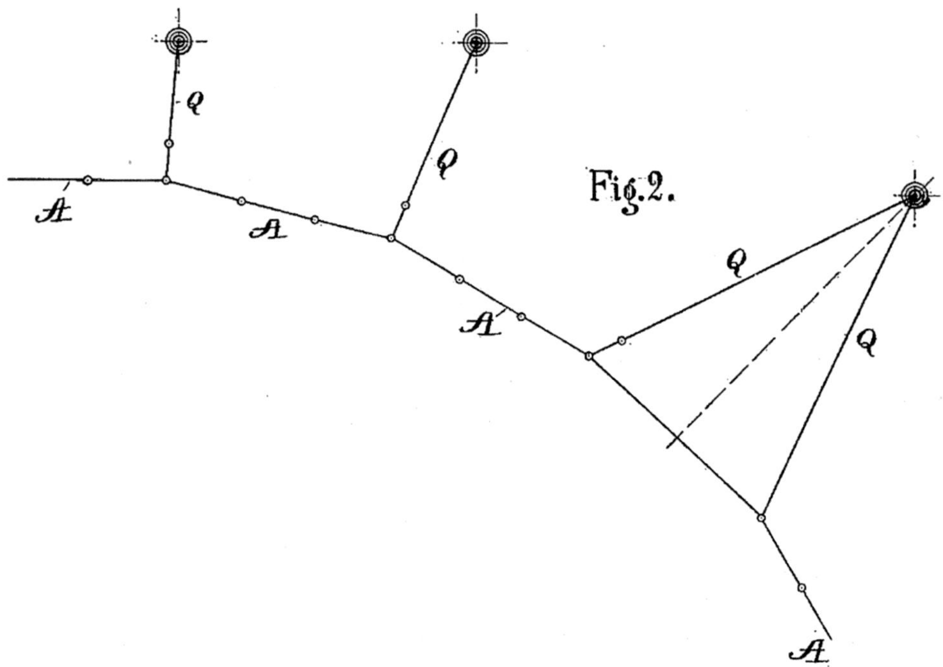

Abb. 3.10 Fig. 2 der US472810A

3.4 Schwebebahn: Hermann Kemper

Hermann Kemper, geboren am 5. April 1892 und gestorben am 13. Juli 1977, war der Erfinder der Magnetschwebebahn. In seinem Patent DE 643316, das am 18. März 1937 erteilt wurde, beschreibt er seine Erfindung.

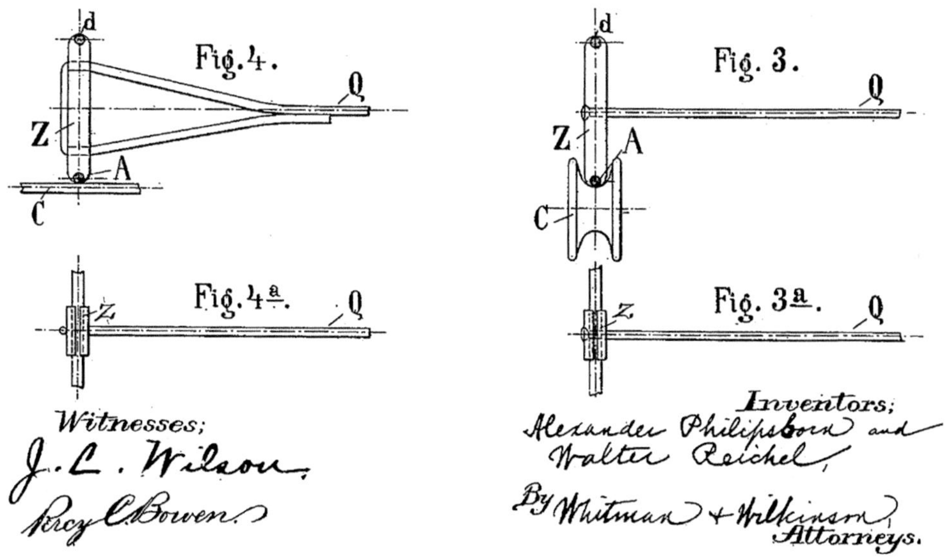

Abb. 3.11 Fig. 3, 3a, 4 und 4a der US472810A

Der einzige Anspruch des Patents lautet:

„Schwebebahn mit räderlosen Fahrzeugen, die an eisernen Fahrschienen mittels magnetischer, in zwischen den Schienen und an den Fahrzeugen verteilt befestigten Elektromagneten erzeugter Felder schwebend entlang geführt werden, dadurch gekennzeichnet, daß die Regelung der magnetischen Felder durch Abstandssteuerorgane geschieht, die an den Schwebewagen (3) gegenüber den Führungsschienen (2) räumlich nahe den von ihnen zu steuernden Elektromagneten befestigt sind. Die Abstandssteuerorgane (Abb. 4, 5) sind mechanisch unveränderliche, jedoch in ihrem elektrischen Widerstand durch den Abstand von den Schienen beeinflußte elektrische oder magnetische Anordnungen (z. B. Kondensatoren 8, 9 oder Drosselspulen 10, 11) und werden in elektrische Stromkreise eingeschaltet, wobei sie an ihren Polen Spannungen erzeugen, die sich mit dem Abstand von den Führungsschienen unverzüglich ändern. Diese Spannungen werden, soweit erforderlich, in ebenfalls trägheitsarmen Schaltungen verstärkt und, gegebenenfalls gleichgerichtet, elektrischen Röhren zu deren Steuerung zugeführt (Abb. 6). Der Sinn und die Größe dieser Steuerspannungen ist so zu wählen, daß durch die von den Röhren den Elektromagneten zugeleiteten Ströme magnetische Zugkräfte erzeugt werden, die der Schwerkraft das Gleichgewicht halten, wenn der Abstand der Fahrzeuge von den Schienen das vorgeschriebene Maß hat, die dagegen die Schwerkraft übersteigen, wenn der

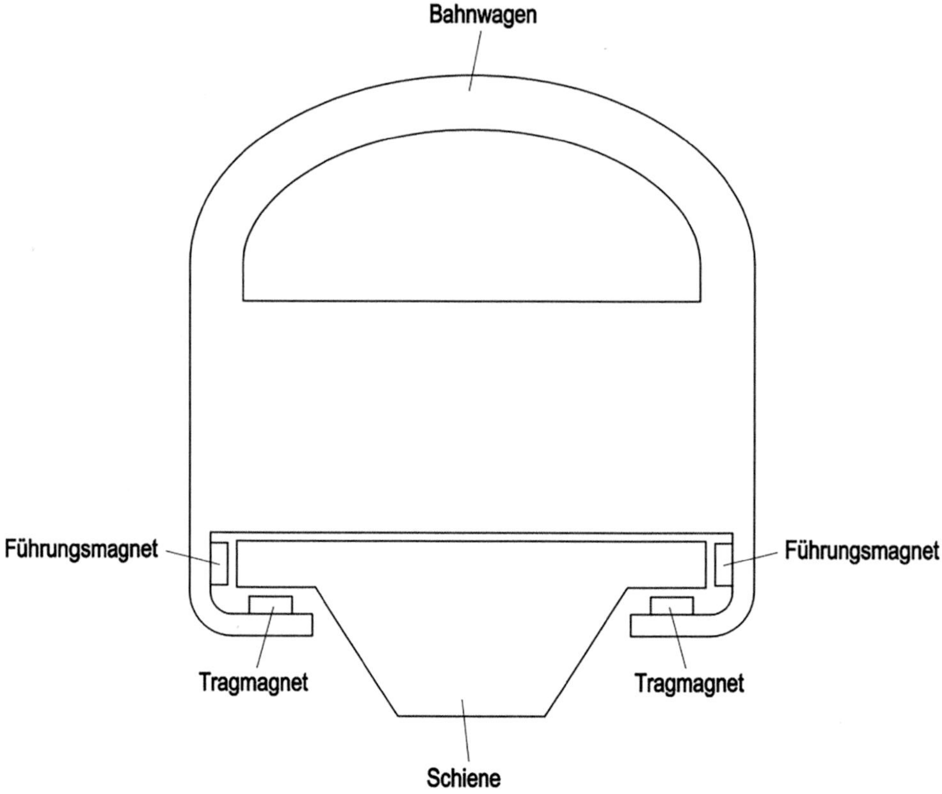

Abb. 3.12 Funktionsprinzip der Schwebebahn

Abstand zu groß wird, sie endlich unterschreiten, wenn der Abstand unter das Sollmaß herabsinkt."[6]

Der Anspruch von Kemper ist in mehreren Sätzen abgefasst und außerdem sehr detailgenau. Heutzutage würde man aus diesem Anspruch einen kompletten Anspruchssatz formulieren, wobei jeder Anspruch nur einen einzigen Satz umfasst. Im ersten Anspruch würden nur die notwendigen Merkmale zur Realisierung der Erfindung enthalten sein und in den Unteransprüchen würden die Details spezieller Ausführungsformen beschrieben werden. Die Abb. 3.12 stellt das Funktionsprinzip einer Schwebebahn dar, wobei Tragmagnete den Bahnwagen nach oben heben und Führungsmagnete sicherstellen, dass der Bahnwagen entlang der Schiene läuft und nicht entgleist. Der Bahnwagen hat während der Fahrt keinerlei Kontakte mit der Schiene, sodass ein reibungsfreies, und daher verschleißfreies, Fahren des Bahnwagens ermöglicht wird. Eine Schwebebahn kann

[6] DPMA, https://depatisnet.dpma.de/DepatisNet/depatisnet?action=pdf&docid=DE000000643316A&xxxfull=1, abgerufen am 24.4.2024.

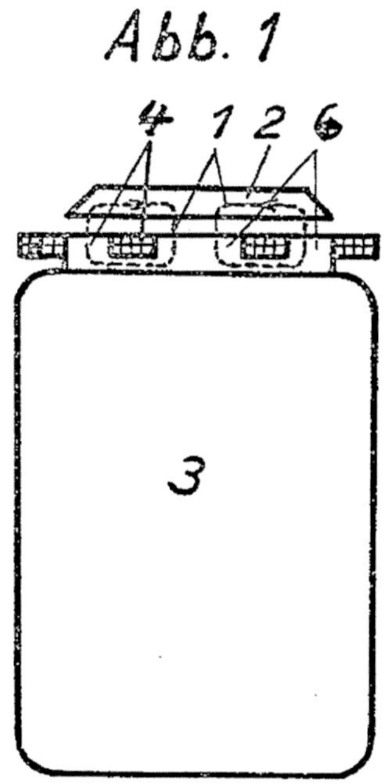

Abb. 3.13 Abb. 1 der DE643316A

sehr schnell beschleunigen und zeichnet sich außerdem durch ein nahezu geräuschloses Fahren aus.

Die Abb. 3.13 zeigt die Abb. 1 der Patentschrift mit einer eisernen Schiene 2, dem Fahrzeug 3 und magnetischen Kraftlinien 1, die zu einer Anziehung des Fahrzeugs 3 zur Schiene 2 führen, sodass das Fahrzeug 3 unterhalb der Schiene 2 schwebt. Die magnetischen Kraftlinien 1 werden durch die Magnete 4 und 6 erzeugt. In der Abb. 3.13 schwebt der Bahnwagen 3 unterhalb der Schiene 2 im Gegensatz zu der allgemein üblichen Schwebebahn der Abb. 3.12. Das grundsätzliche Prinzip, durch Magnete eine berührungslose Verbindung zwischen Bahnwagen und Schiene zu schaffen, ist jedoch bei beiden Varianten erfüllt.

3.5 Achterbahn

Eine Achterbahn weist ein Schienennetz auf, das darauf ausgerichtet ist, durch Berg- und Talfahrten und Loopings zu außergewöhnlichen g-Kräften für die Passagiere zu führen, ohne diese dabei zu gefährden. In der Bezeichnung „Achterbahn" ist das Wort „acht" für die Zahl „8" enthalten, das auf die typischerweise außergewöhnliche Streckenführung einer Achterbahn hinweist.

3.5.1 Constantine de Bodosco und Pedro de Rivera

Der Russe Constantine de Bodosco und der Spanier Pedro de Rivera haben den Vorläufer der modernen Achterbahn in ihrem Patent US 95,095, das am 21. September 1869 erteilt wurde, beschrieben, bei dem Schlitten künstliche Berge hochgezogen werden und dann den Hang hinabfahren können. Die Schlitten hatten noch keine Räder, sondern Kufen, sodass dieser Vorläufer der modernen Achterbahnen nur im Winter genutzt werden konnte.

Die Abb. 3.14 zeigt einen Turm der Vergnügungseinrichtung mit einer Bahn D, die mit Schnee und Eis bestreut und bewässert wird, sodass sich eine rutschige Oberfläche bildet. Damit die rutschige Oberfläche nicht selbst ins Rutschen kommt, sind Sprossen quer zur Bahnrichtung angeordnet. Innerhalb des Turms befindet sich ein Aufzug mit einem Korb E, der hochgezogen wird, damit die Personen und die Schlitten zur Spitze des Turms gelangen.

Die Abb. 3.15 stellt eine Vergnügungseinrichtung mit zwei erfindungsgemäßen Türmen dar.

3.5.2 John G. Taylor

John G. Taylor hat als erster seine Achterbahn-Fahrzeuge mit Rädern ausgerüstet, wodurch sein Fahrgeschäft ganzjährig betrieben werden konnte. In seinem Patent US 128,674, das am 2. Juli 1872 erteilt wurde, beschreibt er sein erfinderisches Fahrgeschäft.

Der einzige Anspruch des Patents lautet:

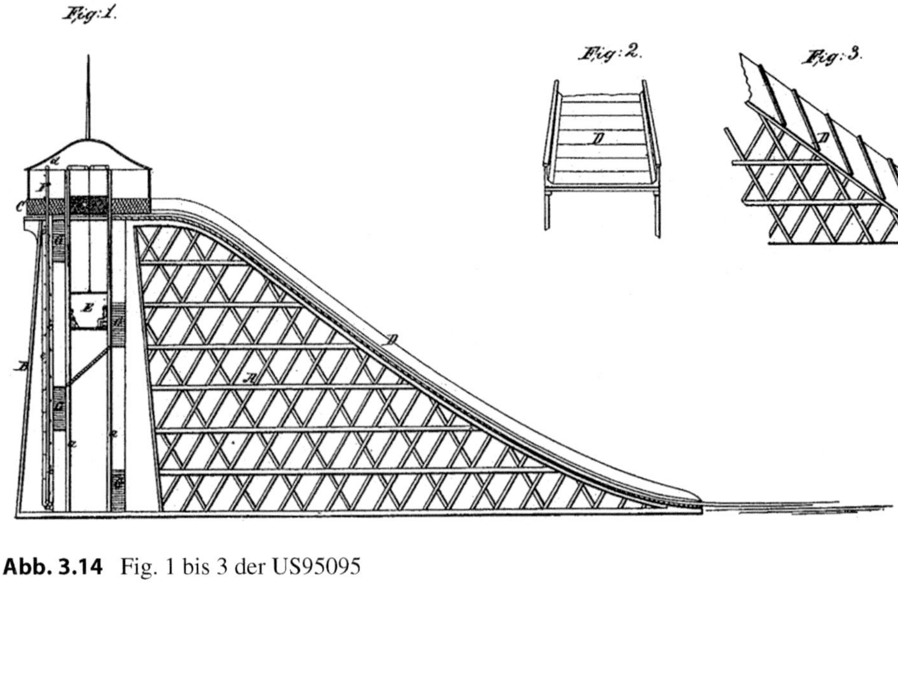

Abb. 3.14 Fig. 1 bis 3 der US95095

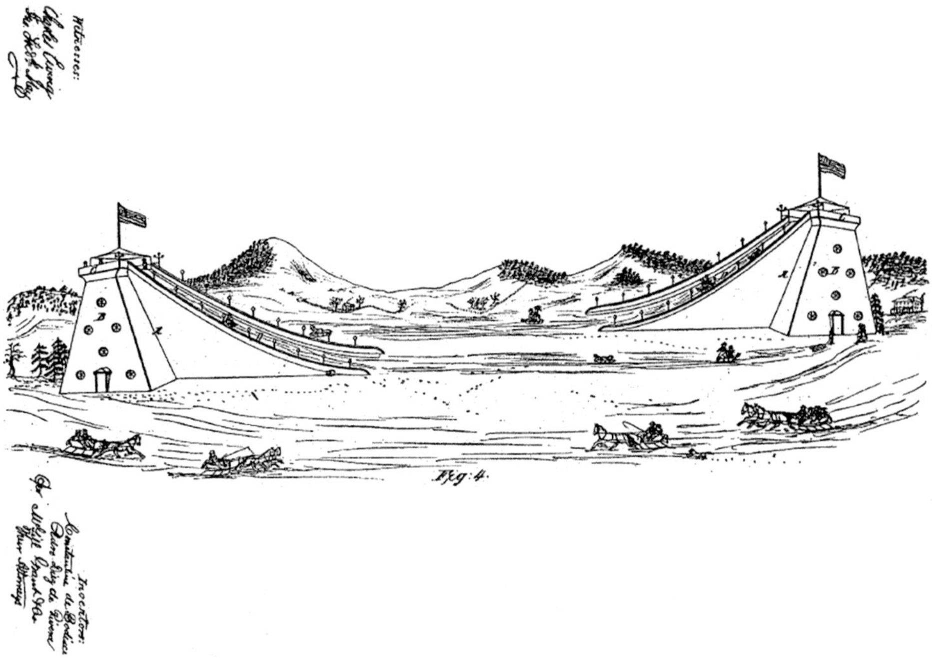

Abb. 3.15 Fig. 4 der US95095

„The combination of the double inclined tracks C C C` C` G with platforms A A' D D' and sliding switches E E`, all constructed and arranged to operate substantially as set forth."[7]

Der besondere Clou der Erfindung von Taylor waren verschiebbare Abschnitte E E`, wodurch der Wagen B auf die unterschiedlichen Streckenabschnitte C C und C´ C´ verschoben werden konnte.

Die Abb. 3.16 zeigt die Fig. 1 der US 128,674 mit dem Wagen B, der auf Rädern die zwei Schienenabschnitte C C und C´ C` befahren kann, wobei der Übergang des Wagens B mit verschiebbaren Schienenabschnitten E E` erzielt wird.

3.5.3 LaMarcus Adna Thompson

LaMarcus Adna Thompson gilt als einer der wichtigsten Pioniere der Achterbahnen. Seine Achterbahn auf Coney Island, in der Nähe von New York, stellt den Durchbruch

[7] DPMA, https://depatisnet.dpma.de/DepatisNet/depatisnet?action=pdf&docid=US000000128674A, abgerufen am 6.5.2024.

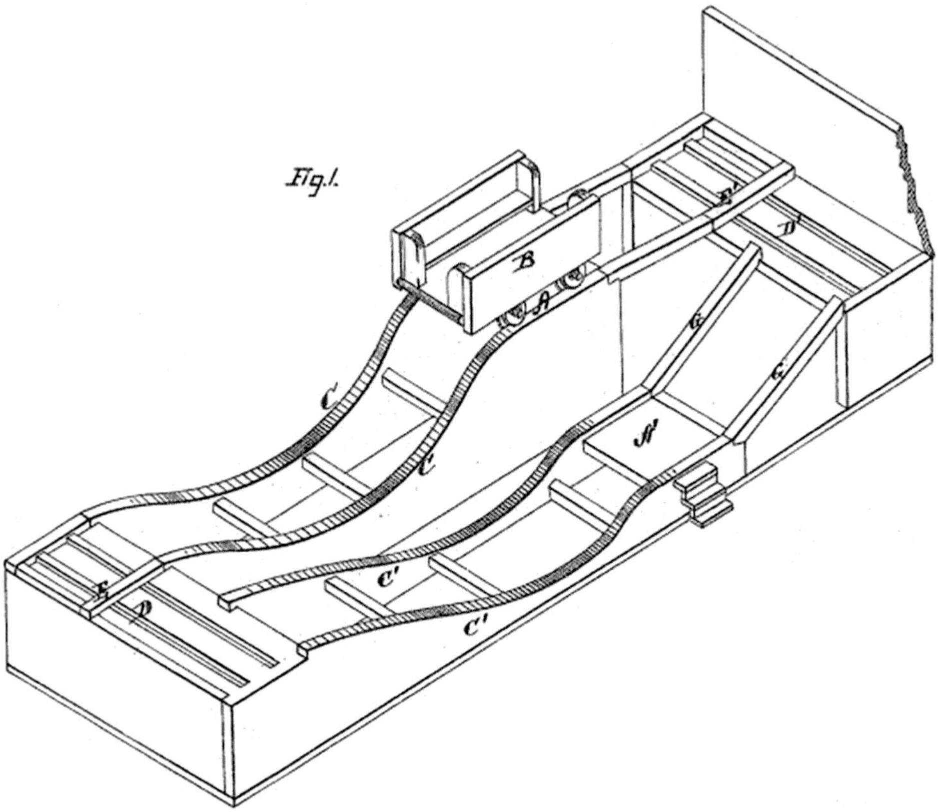

Abb. 3.16 Fig. 1 der US128674

der weltweiten Erfolgsserie der Achterbahnen dar. In dem Patent US 310966, das am 20. Januar 1885 erteilt wurde, beschreibt er seine Erfindung.

Der Patentanspruch lautet:

1. *„In a coasting structure, the combination, with the tracks B B', running parallel with each other and having the starting and terminal stations at the same elevation, of the switch-tracks E F, whereby the car reaching the terminus on the outgoing track is transferred to the return-track and back again to the first track for another trip, substantially as described.* “[8]

Der Patentanspruch beschreibt ein geschlossenes „Schienennetz" der Achterbahn, wodurch der Start- und der Endpunkt einer Fahrt mit der Achterbahn zusammengelegt werden kann.

---

[8] DPMA, https://depatisnet.dpma.de/DepatisNet/depatisnet?action=pdf&docid=US000000310966A, abgerufen am 6.5.2024.

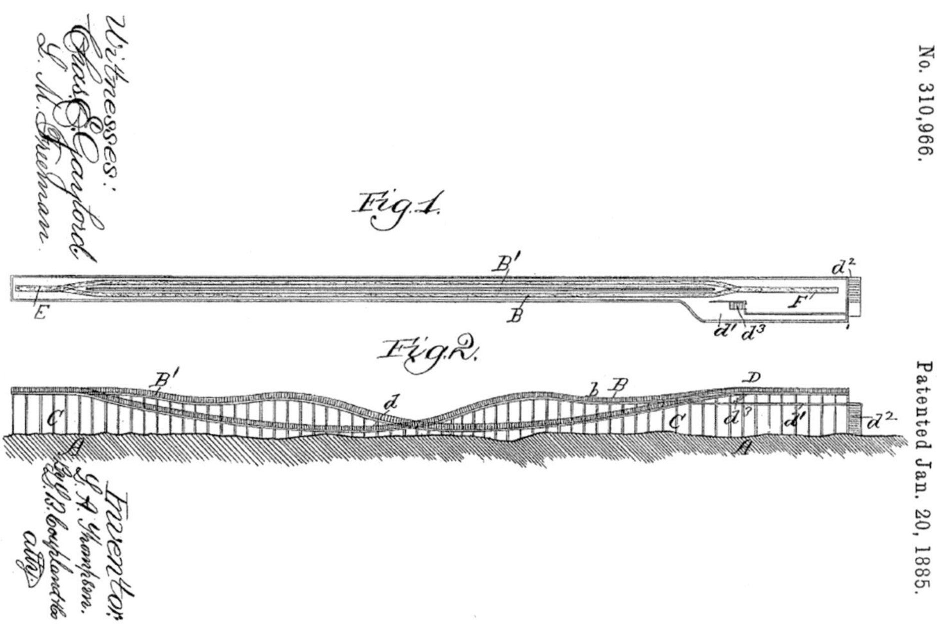

Abb. 3.17 Fig. 1 und 2 der US310966

Die Abb. 3.17 zeigt in der Fig. 1 eine Übersichtsstruktur der Achterbahn von Thompson mit Weichengleisen E und F, sodass der Wagen in der Achterbahn auf die unterschiedlichen Schienenabschnitte B und B` geleitet werden kann.

3.5.4 John A. Miller

John A. Miller ist der Erfinder der „underfriction wheels“, die durch zusätzliche Räder unter der Führungsschiene der Achterbahn ein Entgleisen des Wagens ausschließen. Das erfinderische Prinzip sorgt für eine hohe Sicherheit und wird bis heute nahezu unverändert eingesetzt. Miller hat seine Erfindung in dem Patent US 1319888 beschrieben, das am 28. Oktober 1919 erteilt wurde.

In seinem Patentanspruch beschreibt Miller den Kern der Erfindung:

1. *„In a pleasure railway system, the combination of a supporting structure, track beams mounted on said structure, a vehicle having supporting wheels engaging said track beams, frames secured to the under side of said vehicle, a horizontal and a vertical roller journaled in each frame, said horizontal rollers engaging with the inner sides of said beams and said vertical rollers engaging with the under side of said beams,*

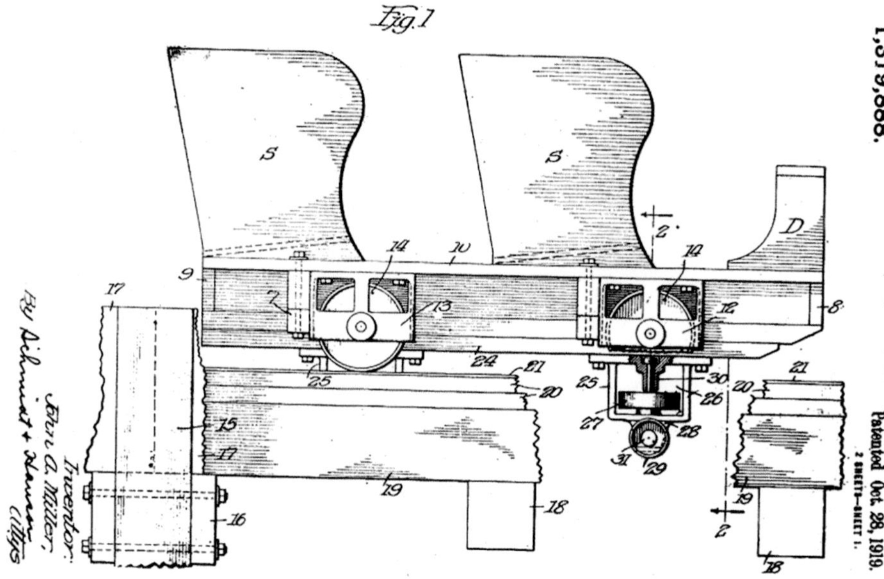

Abb. 3.18 Fig. 1 der US1319888

said horizontal and vertical rollers serving to prevent horizontal and vertical displacement, of said supporting wheels from said track beams."[9]

In dem Patentanspruch wird ein Fahrzeug beschrieben wird, das vertikale und horizontale Stützräder umfasst. Mit den horizontalen Stützrädern wird ein Verschränken bzw. Verklemmen des Fahrzeugs innerhalb des Schienenstrangs verhindert. Die horizontalen Stützräder stellen daher sicher, dass das Fahrzeug entlang der Fahrbahn ausgerichtet ist. Außerdem sind vertikale Stützräder vorhanden, die die Schienen hintergreifen und dadurch ein Lösen des Fahrzeugs vom Schienenstrang ausschließen.

Die Abb. 3.18 zeigt das Fahrzeug S, das auf Rädern 10 auf einer Fahrbahn 20 läuft. Außerdem sind horizontale Stützräder 27 angeordnet, die das Fahrzeug S entlang der Fahrbahn ausrichten und vertikale Stützräder 29, die die Fahrbahn 20 hintergreifen und dadurch ein Abheben des Fahrzeugs S verhindern.

Die Abb. 3.19 zeigt die horizontalen Stützräder 27, die seitlich an der Fahrbahn anliegen und vertikale Stützräder 29, die unterhalb der Fahrbahn angeordnet sind. Durch die ausgeprägten Sicherheitsmerkmale der Erfindung ist ein Entgleisen des Fahrzeugs nahezu ausgeschlossen, sodass dank der Erfindung erheblich höhere Geschwindigkeiten und ausgefallenere Streckenführungen ermöglicht werden.

[9] DPMA, https://depatisnet.dpma.de/DepatisNet/depatisnet?action=pdf&docid=US000001319888A&xxxfull=1,abgerufen am 19.12.2024.

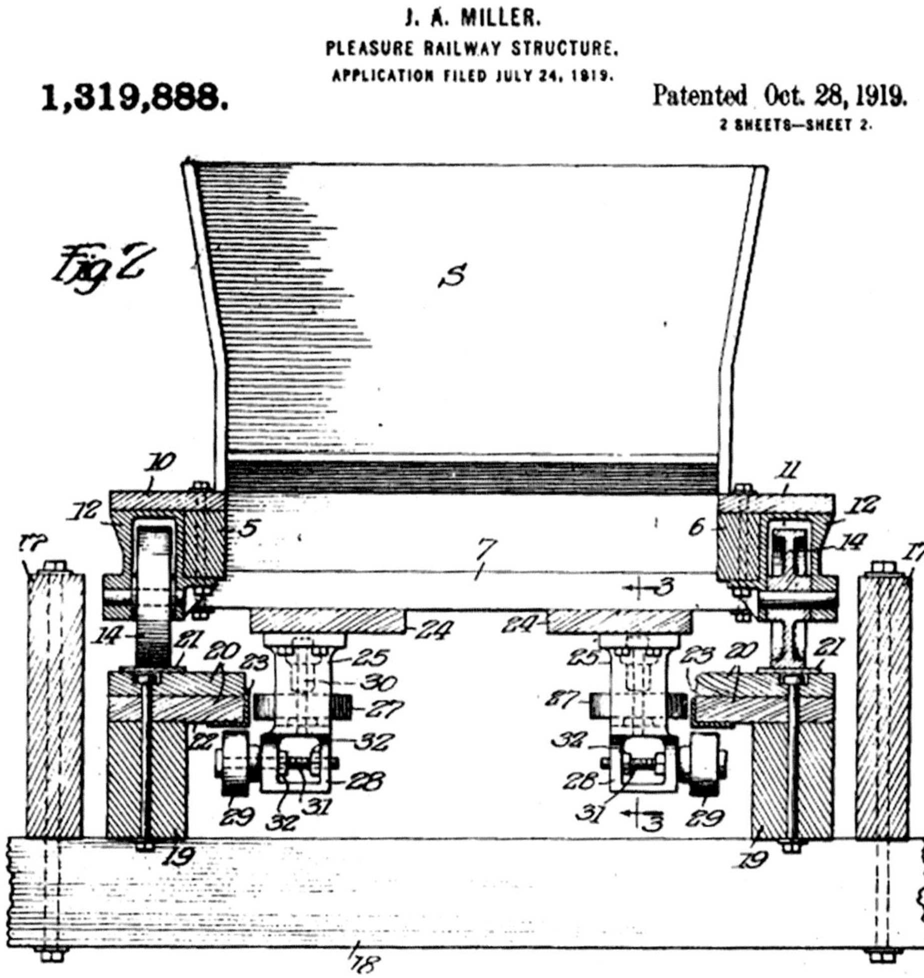

Abb. 3.19 Fig. 2 der US1319888

3.5.5 Werner Stengel

Werner Stengel war ein bedeutender Ingenieur bei der Entwicklung von Fahrgeschäften. Von ihm stammt ein erfinderischer „Freifallturm", der in seinem Patent DE 10042597 C1, dessen Erteilung am 24. Januar veröffentlicht wurde, beschrieben ist.

Der Hauptanspruch des Patents lautet:

1. *„Freifall-Turm für eine Achterbahn"*
   a) *mit einem etwa vertikalen Schienensystem (28) für eine Fahrgasteinheit (20),*

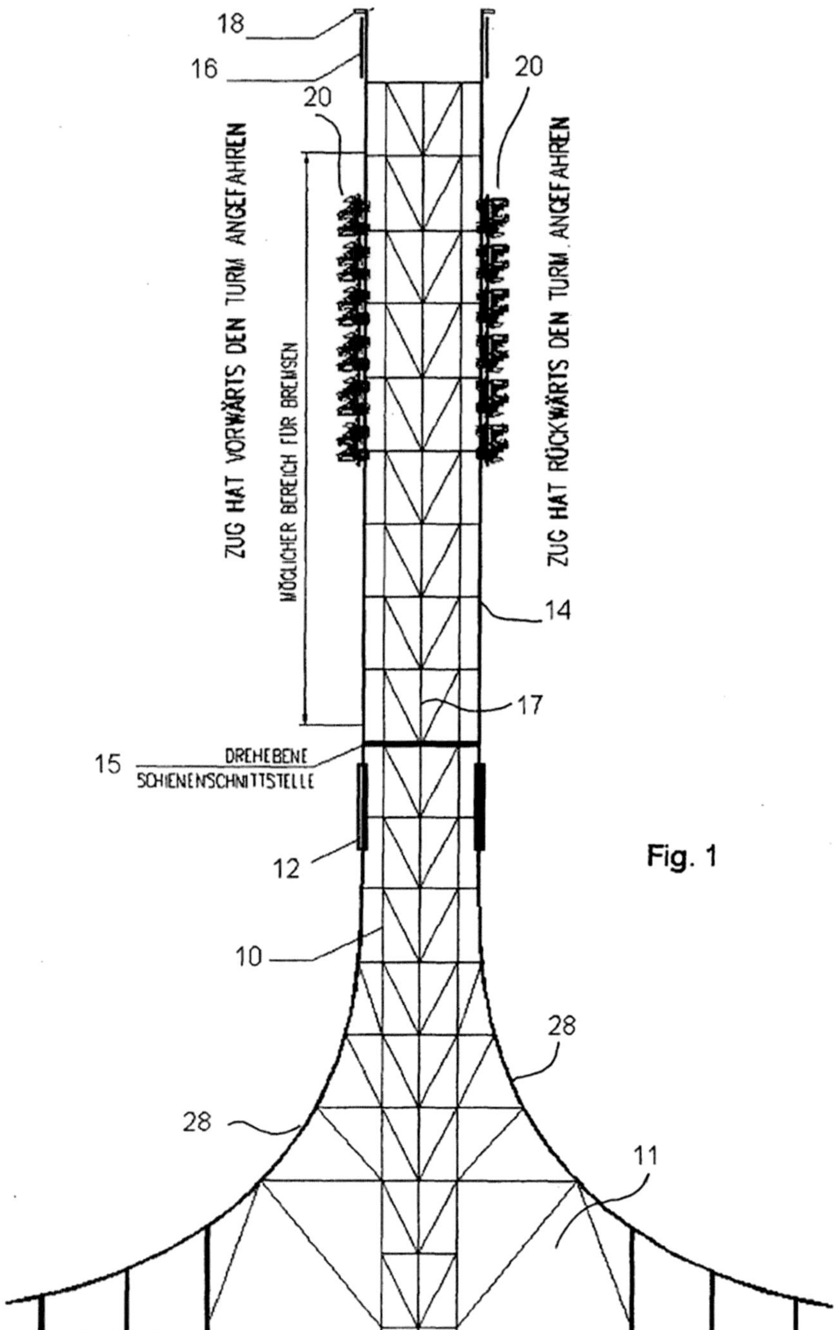

Abb. 3.20 Fig. 1 der DE10042597C1

b) *die auf dem Schienensystem (28) vom unteren Ende zum oberen Ende des Turms (10) fährt,*
c) *von dem aus die Fahrgasteinheit (20) frei nach unten fallen und dann auf die Fahrstrecke der Achterbahn gelangen kann, dadurch gekennzeichnet, dass*
d) *im oberen Endbereich (14) des Turms (10) die fixierte Fahrgasteinheit (20) um eine nahezu oder exakt vertikale Achse (17) drehbar ist, und dass*
e) *die Fahrgasteinheit (20) aus der neuen, verdrehten Stellung frei nach unten fallen kann.*"[10]

Die Abb. 3.20 zeigt einen Turm 10 mit einem Schienensystem 28. Eine Fahrgasteinheit 20 kann zum oberen Ende des Turms 10 hochgezogen werden und danach im freien Fall nach unten fallen gelassen werden. Der Turm 10 besitzt eine Dreheinheit 15, wodurch die oben arretierten Fahrgasteinheiten 20 vor dem freien Fall um die Drehachse 17 des Turms um 90° gedreht werden können.

[10] DPMA, https://depatisnet.dpma.de/DepatisNet/depatisnet?action=pdf&docid=DE000010042597C1, abgerufen am 6.5.2024.

4 Automobile

Ein Automobil bzw. Auto bzw. Personen- oder Lastkraftwagen ist ein zweispuriges Fahrzeug zum Transport von Personen und Lasten im Straßenverkehr, das durch einen Motor angetrieben wird. Der Motor kann insbesondere ein Verbrennungs- oder Elektromotor sein.

4.1 Dieselmotor: Rudolf Diesel

Rudolf Diesel, geboren am 18. März 1858 und gestorben am 29. September 1913, ist der Erfinder des nach ihm benannten Dieselmotors. Rudolf Diesel beschreibt in dem Patent DE 67207, das am 28. Februar 1892 erteilt wurde, seine Erfindung mit dem Titel „Arbeitsverfahren und Ausführungsart für Verbrennungskraftmaschinen“. Der wesentliche Kern seiner Erfindung besteht darin, dass der Kraftstoff so stark komprimiert wird, dass er sich selbst entzündet. Zündkerzen zur Zündung des Kraftstoffs, wie es der Ottomotor benötigt, sind beim Dieselmotor daher nicht erforderlich.

Der erste Anspruch des Patents lautet:

„1. Arbeitsverfahren für Verbrennungskraftmaschinen, gekennzeichnet dadurch, dafs in einem Cylinder vom Arbeitskolben reine Luft oder anderes indifferentes Gas (bezw. Dampf) mit reiner Luft so stark verdichtet wird, dafs die hierdurch entstandene Temperatur weit über der Entzündungstemperatur des zu benutzenden Brennstoffes liegt (Curve 1–2 des Diagramms Fig. 2), worauf die Brennstoffzufuhr vom todten Punkte ab so allmälig stattfindet, dafs die Verbrennung wegen des ausschiebenden Kolbens und der dadurch bewirkten Expansion der verdichteten Luft (bezw. des Gases) ohne wesentliche Druck- und Temperaturerhöhung erfolgt (Curve 2–3 des Diagramms Fig. 2), worauf nach Ab-

T. Meitinger, *Fahrzeuge. Hightech in Patenten*,
https://doi.org/10.1007/978-3-662-70137-9_4

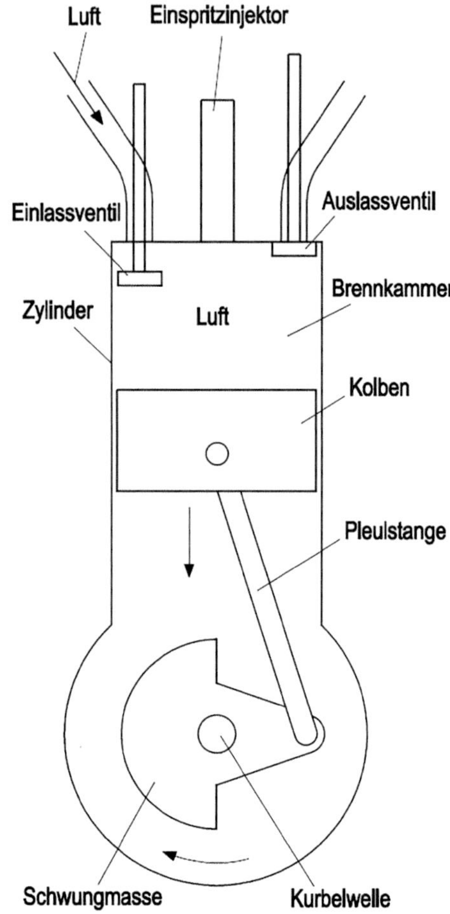

Abb. 4.1 Ansaugen des Dieselmotors

schlufs der Brennstoffzufuhr die weitere Expansion der im Arbeitscylinder befindlichen Gasmasse stattfindet (Curve 3–4 des Diagramms Fig. 2)."[1]

Die Abb. 4.1 bis Abb. 4.4 zeigen einen Arbeitszyklus eines Dieselmotors.

Die Abb. 4.1 zeigt einen Zylinder eines Dieselmotors, wobei der Kolben nach unten fährt und das Einlassventil geöffnet ist, sodass frische Luft in die Brennkammer eingesaugt wird.

In der Abb. 4.2 wird die zweite Phase des Arbeitszyklus dargestellt, bei der der Kolben bei geschlossenen Ventilen nach oben bewegt wird, sodass die Luft in der Brenn-

[1] DPMA, https://depatisnet.dpma.de/DepatisNet/depatisnet?action=pdf&docid=DE000000067207A&xxxfull=1, abgerufen am 26.4.2024.

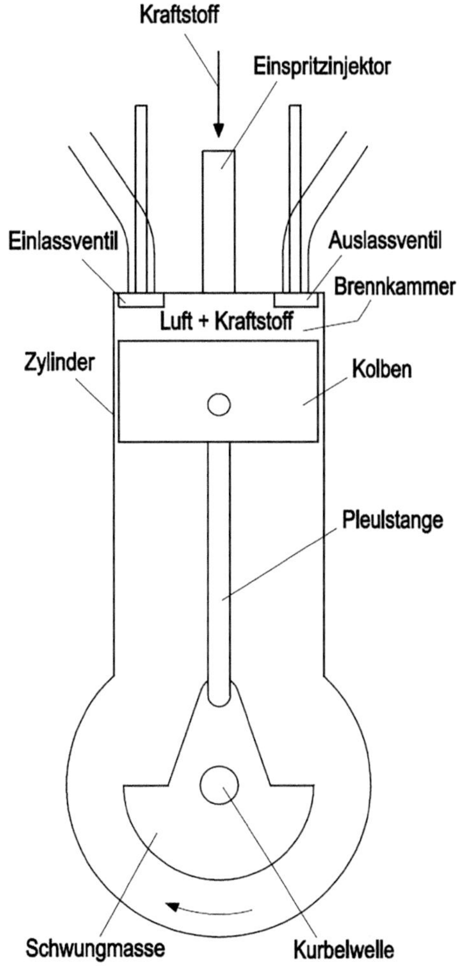

Abb. 4.2 Verdichten und Entzünden

kammer stark komprimiert wird. In die hoch verdichtete Luft wird der Kraftstoff eingespritzt und das Kraftstoff-Luft-Gemisch entzündet sich.

Durch die Entzündung des Kraftstoff-Luftgemisches startet die Arbeitsphase, wobei das expandierende Kraftstoff-Luftgemisch den Kolben nach unten drückt und über die Pleuelstange die Kurbelwelle angetrieben wird (siehe Abb. 4.3).

In einer letzten Phase des Arbeitszyklus des Dieselmotors, die in der Abb. 4.4 dargestellt ist, wird das verbrannte Gasgemisch über ein Auslassventil aus der Brennkammer ausgestoßen.

In der Abb. 4.5 ist die Fig. 5 der Patentschrift DE 67207 mit dem Zylinder C, in dem der Kolben P angeordnet ist, gezeigt. In dem Behälter B ist der Kraftstoff enthalten, der in den Zylinder C eingespritzt werden kann.

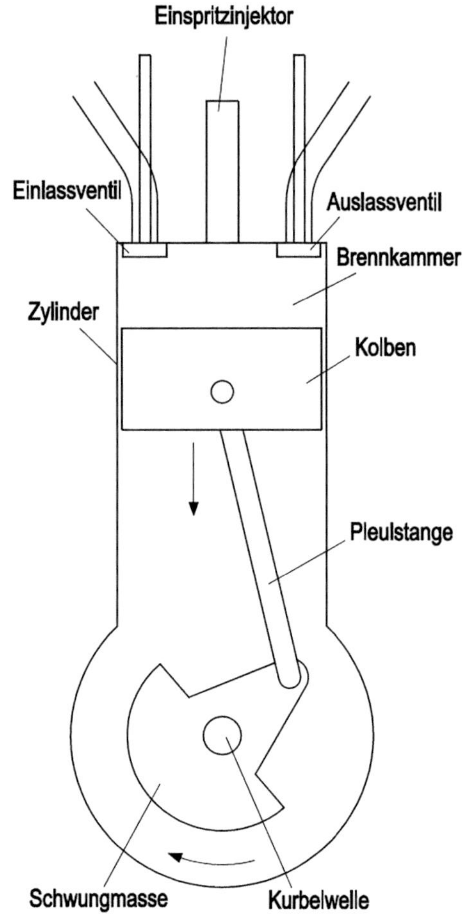

Abb. 4.3 Arbeiten des Dieselmotors

4.2 Erstes Automobil mit Verbrennungsmotor: Carl Benz

Carl Friedrich Benz, geboren am 25. November 1844 und gestorben am 4. April 1929, hat ein dreirädriges Automobil mit Verbrennungsmotor in seinem Patent DE 37435, das am 29. Januar 1886 erteilt wurde, beschrieben.

Der Anspruchssatz lautet:

„Ein durch Gasmaschine betriebenes Fahrzeug, bei welchem folgende Einrichtungen gleichzeitig in Anwendung kommen:

1. *Bei dem Gaserzeuger zum Motor die Vorrichtung 6, 7 und 8 zum Erkennen des Functionirens und des Oelstandes im Gasbehälter.*
2. *Die gezeichnete Bremsvorrichtung, Fig. 3, 4 und 5, wobei vermittelst Hebels 9, zweier ungleich großer Zahnräder und einer Kurbelscheibe 11, welche in die Gabel 12 ein-*

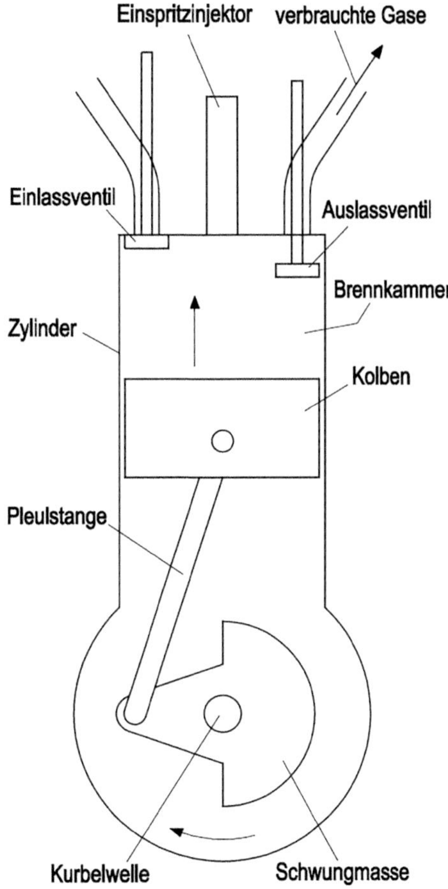

Abb. 4.4 Ausstoßen des verbrannten Gasgemisches

greift, durch eine Bewegung nach der einen Seite die Bremse gelöst und dann das Fahrzeug in Gang gesetzt, durch eine Bewegung aber nach entgegengesetzter Seite das Fahrzeug vom Motor ausgelöst und dann gebremst werden kann.“[2]

Die Abb. 4.6 zeigt das dreirädrige Automobil mit einem Hebel 9 zum Ingangsetzen bzw. Bremsen des Fahrzeugs.

In der Abb. 4.7 ist das Automobil in einer Draufsicht mit einem Schwungrad zum Antrieb des Fahrzeugs dargestellt.

[2] DPMA, https://depatisnet.dpma.de/DepatisNet/depatisnet?action=pdf&docid=DE000000037435A, abgerufen am 24.4.2024.

Abb. 4.5 Fig. 5 der DE67207

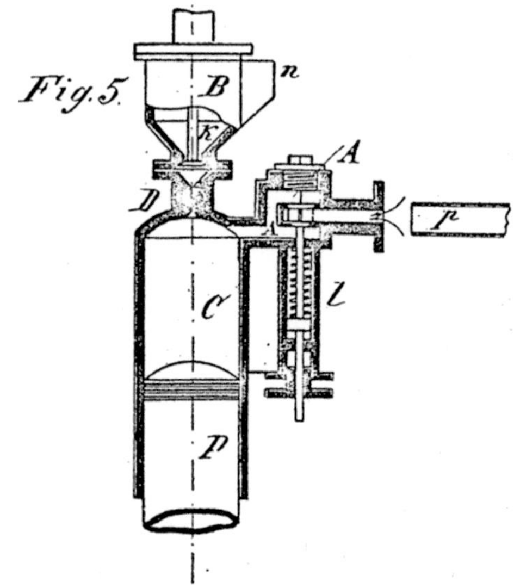

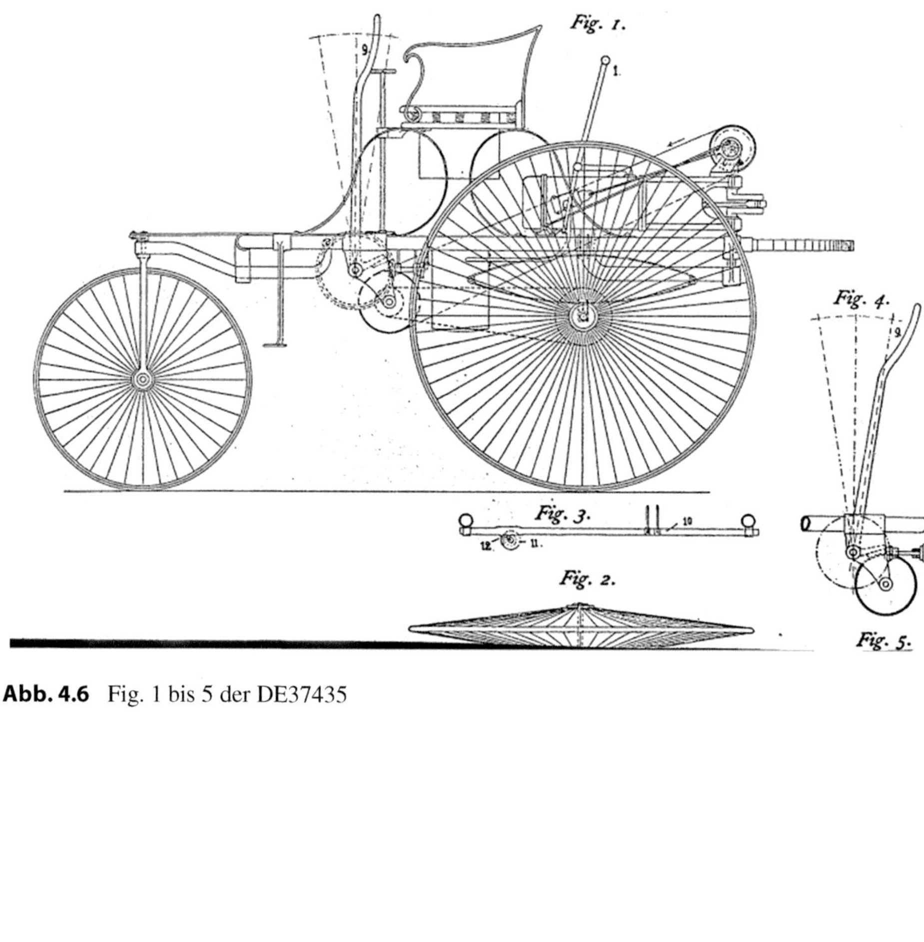

Abb. 4.6 Fig. 1 bis 5 der DE37435

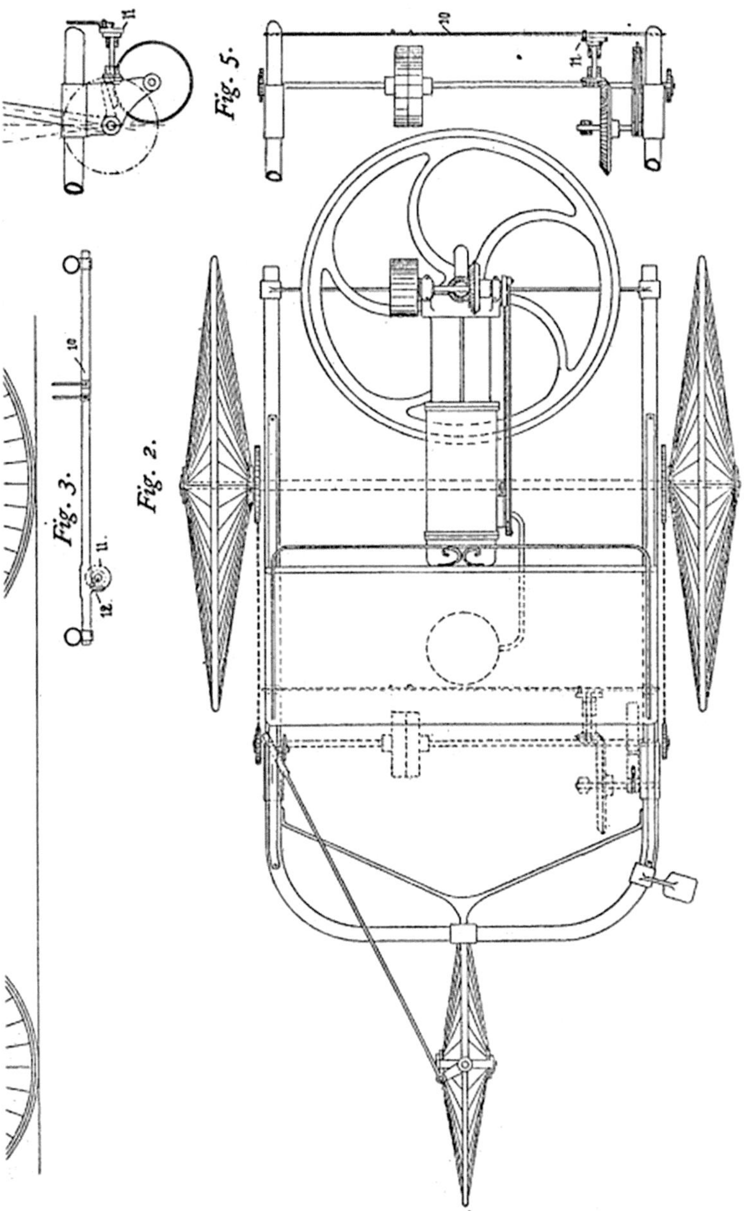

Zu der Patentschrift

№ 37435.

Abb. 4.7 Fig. 2, 3 und 5 der DE37435

4.3 Wankelmotor: Felix Wankel

Felix Wankel, geboren am 13. August 1902 und gestorben am 9. Oktober 1988, ist der Erfinder des nach ihm benannten „Wankel-Motors“. Der große Vorteil des Wankelmotors ist, dass er eine hohe Laufruhe durch die originär rotatorische Bewegung des Motors aufweist. Ein Fahrzeug mit einem Wankelmotor weist daher kaum störende Vibrationen auf.

Die Abb. 4.8 zeigt den Außenläufer 1, den Hohlraum 2 und den bikonvexen Innenläufer 5. Es wird bereits durch die Darstellung des Querschnitts des Motors deutlich, dass dieser eine eher runde Antriebsbewegung statt einem auf und ab der alternativen Verbrennungsmotoren erzeugt.

4.4 Gottlieb Daimler

Gottlieb Wilhelm Daimler, geboren am 17. März 1834 und gestorben am 6. März 1900, war ein Ingenieur und Unternehmer, der insbesondere Verbrennungsmotoren entwickelte.

4.4.1 Effizienter Gasmotor

In dem Patent US 168623 A, das am 11. Oktober 1875 erteilt wurde, wird ein erfinderischer Motor beschrieben.

1. *„A double-acting gas-engine, wherein a partial vacuum is formed by the expansion and cooling of the products of combustion alternately on each side of the working-piston, the atmospheric pressure on the other side of the piston producing motive power, substantially as herein described.“*[3]

Der Anspruch beschreibt einen Gasmotor, bei dem ein Vakuum durch die Ausdehnung und Abkühlung der Verbrennungsprodukte hergestellt wird und der atmosphärische Druck auf der anderen Seite des Kolbens anliegt, wodurch die Antriebskraft erzeugt wird. Hierdurch ergibt sich ein effizienter Motor.

4.4.2 Leistungsstarker Gasmotor durch ungesteuerte Glührohrzündung

In der Patentschrift DE 28022 A, die am 16. Dezember 1883 patentiert wurde, beschreibt Gottlieb Daimler einen leistungsstarken Verbrennungsmotor, der sich insbesondere durch eine ungesteuerte Glührohrzündung auszeichnet und dadurch einen leichten und drehfreudigen Verbrennungsmotor ermöglicht.

[3] DPMA, https://depatisnet.dpma.de/DepatisNet/depatisnet?action=pdf&docid=US000000168623A, abgerufen am 24.4.2024.

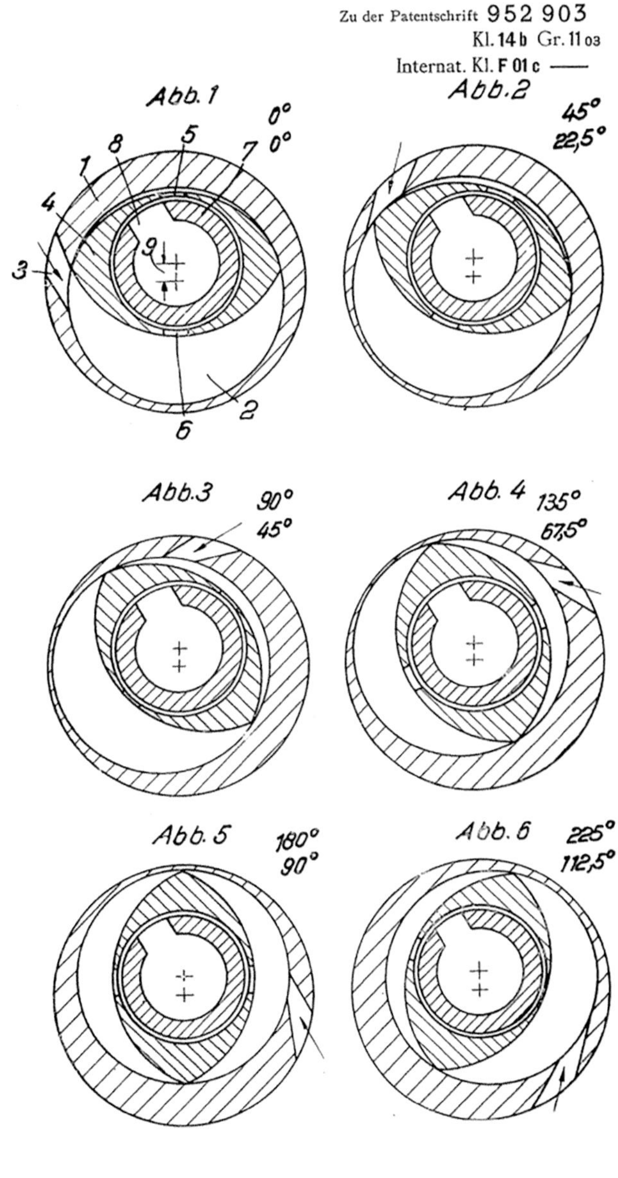

Abb. 4.8 Abb. 1 bis 6 der DE952903

Der Hauptanspruch des Patents lautet:

1. *„Bei Gas – oder Oelmotoren das Verfahren, eine Ladung brennbaren Gemisches (Luft mit Gas oder Oel etc. gemischt) in einem geschlossenen heifsen Raum rasch zu comprimiren, damit es sich erst im Augenblick der höchsten Spannung von selbst entzündet und Explosion oder rasche Verbrennung durch die ganze Masse erfolgt, und*

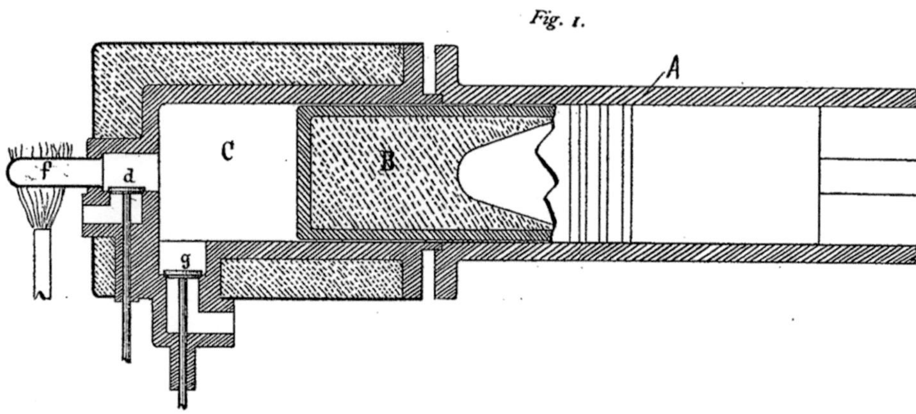

Abb. 4.9 Fig. 1 der DE28022

die durch die Verbrennung erhöhte Spannung auf dem Rückwege des Kolbens als Triebkraft zu verwenden."[4]

Der Anspruch beschreibt das erfindungsgemäße Verfahren, bei dem ein brennbares Gemisch sehr schnell verdichtet wird, sodass es sich komplett entzündet. Hierdurch verhindert man, dass sich die einzelnen Anteile des Gemisches zeitlich aufeinanderfolgend, und nicht gleichzeitig, entzünden, wodurch die explosive Kraft der Verbrennung verpuffen würde.

Die Abb. 4.9 zeigt den Zylinder A, in dem sich der Kolben B bewegt. Bewegt sich der Kolben B nach rechts, wird durch das Ventil d ein brennbares Luft/Öl-Gemisch eingesaugt. Bewegt sich der Kolben B nach links wird das Luft/Öl-Gemisch zusammengepresst und entzündet sich. Die Verbrennung des Luft/Öl-Gemisches führt zu einer Ausdehnung, die eine nutzbare Kraft auf den Kolben B ausübt. Bewegt sich der Kolben B wieder nach links, werden die Verbrennungsprodukte durch das Auslassventil g ausgestoßen. Bewegt sich der Kolben B wieder nach rechts, beginnt der Arbeitszyklus von neuem.

4.4.3 Motorrad

In dem Patent DE 36423, das am 29. August 1885 erteilt wurde, wird das erste Motorrad der Welt beschrieben.

Der Hauptanspruch des Patents lautet:

1. „*Die Anordnung eines Gas- bezw. Petroleummotors unter dem Sitz und zwischen den beiden Fahrachsen eines einspurigen Fahr- oder Schlittengestelles mit dem Schwerpunkt in der Verticalebene der Spur zum Zweck gleichmäfsig vertheilter niedriger Auf-*

[4] DPMA, https://depatisnet.dpma.de/DepatisNet/depatisnet?action=pdf&docid=DE000000028022A, abgerufen am 24.6.2024.

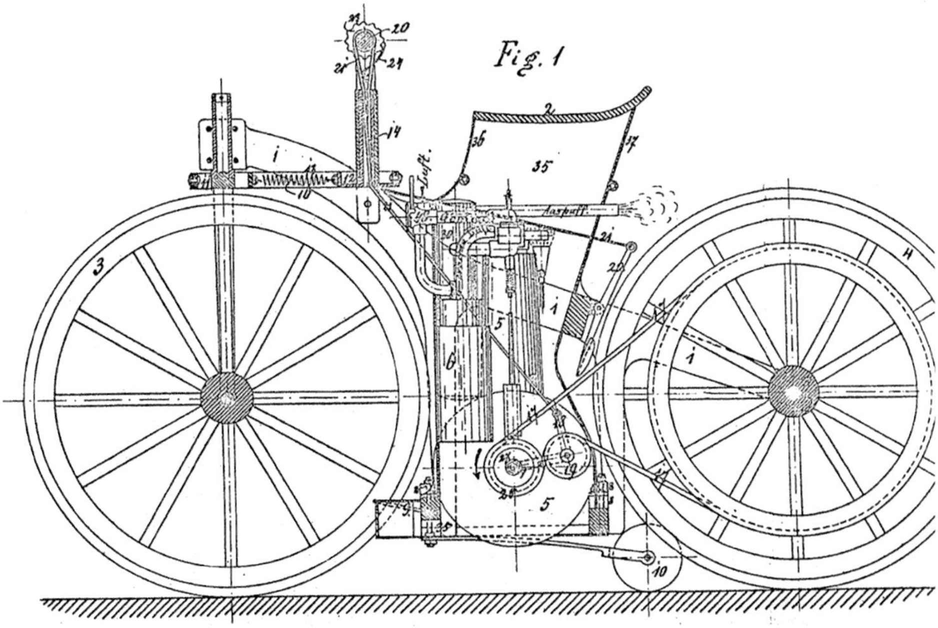

Abb. 4.10 Fig. 1 der DE36423A

hängung; die Umschliefsung des Motors durch einen Kasten, der gleichzeitig als Sitz des Fahrzeuges dient, zum Zweck allseitigen Schutzes desselben, und die Beheizung dieses Kastens durch die überschüssige Wärme des Motors."[5]

Der Anspruch beschreibt die kompakte Bauweise des Motorrads, wobei insbesondere die Aufgabe gelöst wurde, den voluminösen Motor in das Motorrad zu integrieren. Gottlieb Daimler hat seinem Motorrad noch zwei kleine Stützräder angefügt, da er dem fahrerischen Können seiner Zeitgenossen wenig Vertrauen entgegenbrachte.

Die Abb. 4.10 zeigt das erfindungsgemäße Motorrad mit dem Fahrgestell 1, dem Sitz 2, dem vorderen Rad 3 und dem angetriebenen Rad 4. Der Tank wird durch das Bezugszeichen 6 dargestellt.

Die Abb. 4.11 zeigt das Motorrad in einer Draufsicht mit dem vorderen Rad 3 und dem hinteren Rad 4, das vom Motor angetrieben wird. Außerdem sind die kleinen Stützräder 10 und die Trittbretter 9 dargestellt.

Die Abb. 4.12 zeigt das Motorrad mit dem Petroleummotor 5, dem Petroleumreservoir 6 und dem Fahrgestell 1.

[5] DPMA, https://depatisnet.dpma.de/DepatisNet/depatisnet?action=pdf&docid=DE000000036423A, abgerufen am 8.5.2024.

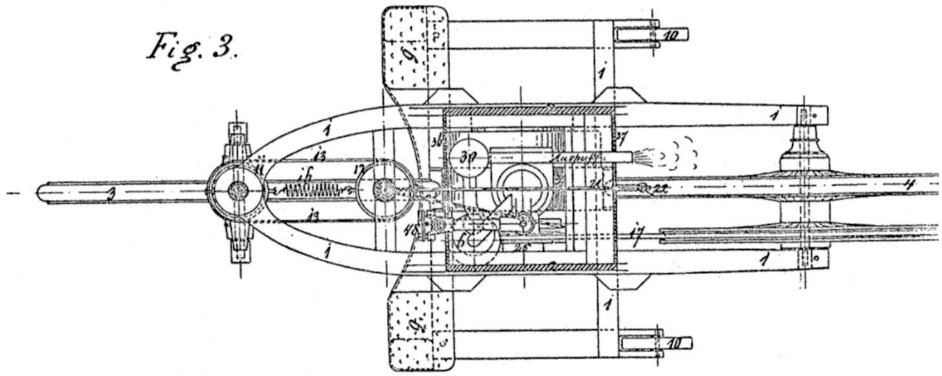

Abb. 4.11 Fig. 3 der DE36423A

Abb. 4.12 Fig. 2 der DE36423A

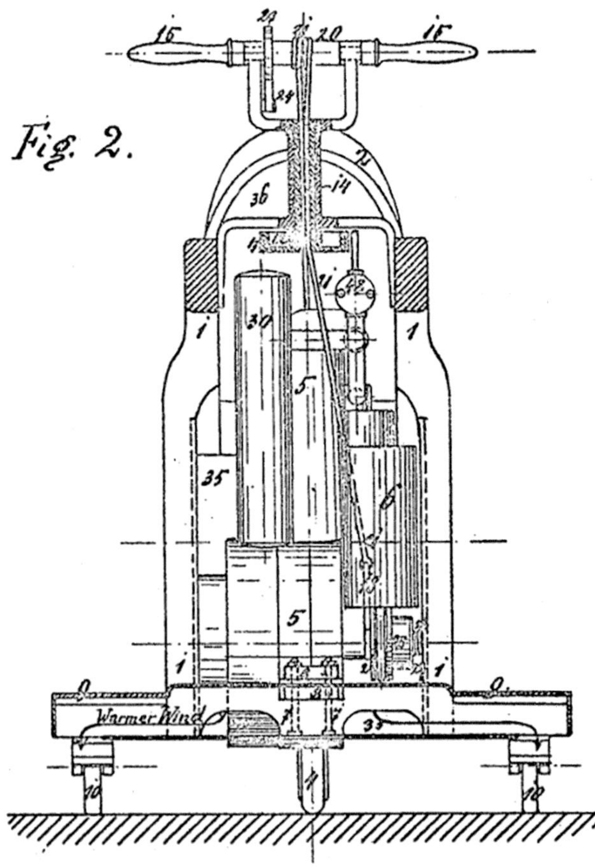

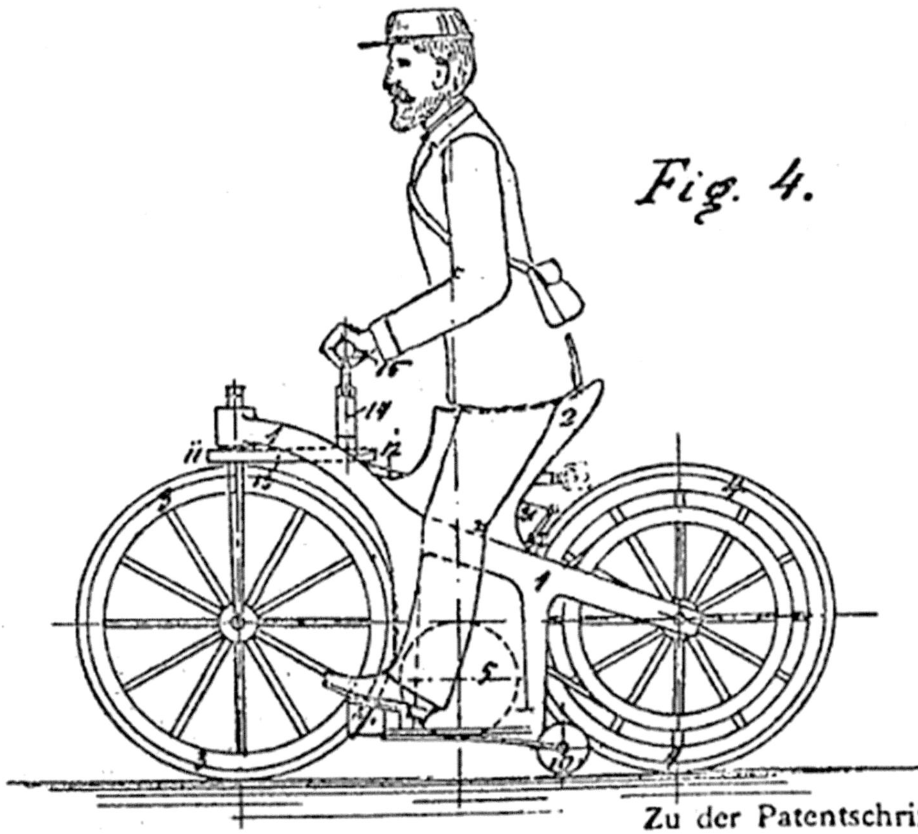

Abb. 4.13 Fig. 4 der DE36423A

Die Abb. 4.13 stellt das erfinderische Motorrad in einer Seitenansicht dar, wobei sich eine Person auf dem Sitz 2 befindet und mit dem Lenkrad 15 das Gefährt steuert.

Die Abb. 4.14 zeigt das erfindungsgemäße Fahrzeug auf Kufen zum Fahren auf Eis.

4.5 Wilhelm Maybach

August Wilhelm Maybach, geboren am 9. Februar 1846 und gestorben am 29. Dezember 1929, war ein Automobilpionier, der wesentliche Erfindungen auf dem Weg zum modernen Auto geschaffen hat. Die bedeutendste Entwicklung war die sogenannte „Standuhr", die als der erste Verbrennungsmotor angesehen wird, der aufgrund seiner kompakten Bauweise für ein Automobil geeignet war.

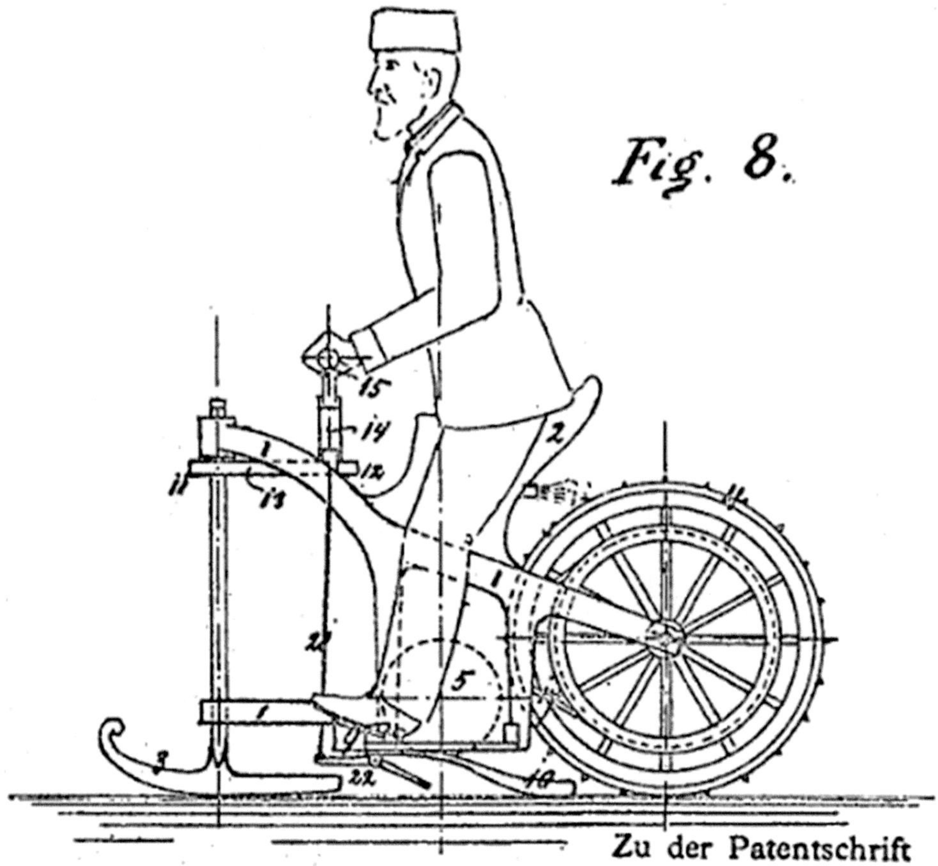

Abb. 4.14 Fig. 8 der DE36423A

4.5.1 Standuhr

Eine bedeutsame Motorenentwicklung stellt die sogenannte „Standuhr" dar, die in der DE 34926 A, die am 3. April 1885 zum Patent erteilt wurde, beschrieben wird. Die „Standuhr" kann als der erste Verbrennungsmotor angesehen wird, der zum effizienten Antrieb eines Fahrzeugs tauglich war. Der Motor ist leicht, klein, schnelllaufend und dennoch leistungsstark genug, um ein Fahrzeug anzutreiben.

Der Hauptanspruch des Patents lautet:

1. *„Das Arbeitsverfahren, gekennzeichnet durch die dreifache Einführung von Ladungen, theils nach der Kraftperiode, theils bei der darauf folgenden Saugperiode, und*

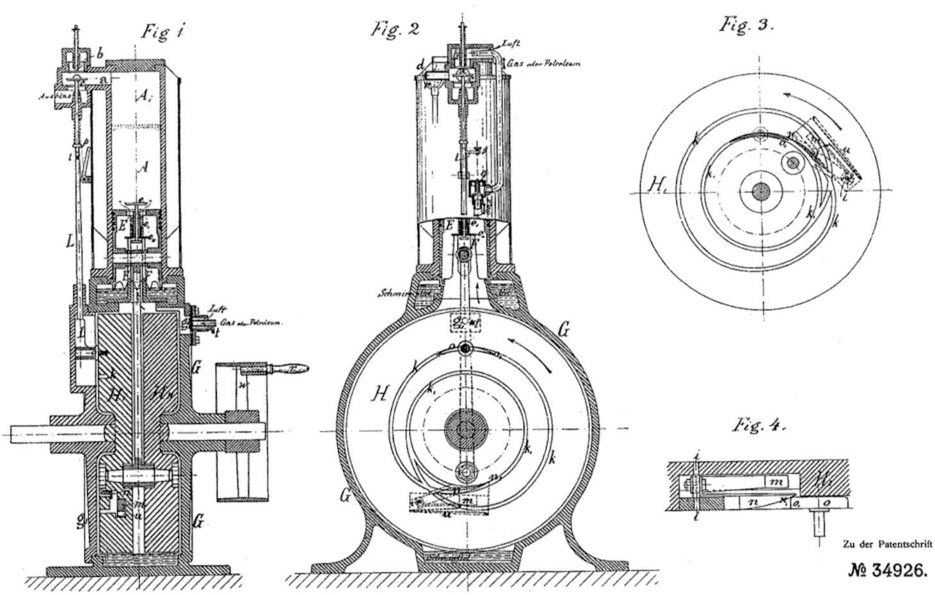

Abb. 4.15 Fig. 1 bis 4 der DE34926

drittens am Schluß der Saugperiode unter nachheriger Comprimirung dieser drei Portionen zum Zwecke größerer Kraftleistung und höheren Nutzeffectes.“[6]

Die Abb. 4.15 zeigt den Motor mit dem Arbeitsraum A, in dem sich der „Kompressionsraum“ A_i befindet. In den Kompressionsraum A_i wird über den Kanal a das Luft/Öl-Gemisch eingefüllt. Nach der Verbrennung werden die Verbrennungsprodukte über das Auslassventil c entsorgt. Der Kolben ist mit dem Bezugszeichen E gekennzeichnet. Mit G wird der Kurbelraum bezeichnet, der die Schwungräder H umfasst. Im Kurbelraum G wird die Auf- und Abbewegung des Zylinders in eine rotatorische Bewegung umgewandelt, wobei auf der Kurbelwelle Schwungräder befestigt sind, die in eine Kreisbewegung versetzt werden und durch ihre Massenträgheit zur Verstetigung der Rotation führen.

4.5.2 Riemeneinrück- und Ausrückvorrichtung

In dem Patent DE 70577 A, das am 13. September 1892 erteilt wurde, beschreibt Maybach in welcher Weise ein Riemen gelockert und wieder gespannt werden kann, um damit ein Getriebe bereitzustellen. Hierbei kann der gelockerte Antriebsriemen auf

[6] DPMA, https://depatisnet.dpma.de/DepatisNet/depatisnet?action=pdf&docid=DE000000034926A, abgerufen am 4.7.2024.

unterschiedliche Scheibenpaare verschoben werden, um dadurch unterschiedliche Übersetzungen zu realisieren.

Der Anspruchssatz des Patents lautet:

1. *„Eine Einrichtung zur Riem- oder Seilaus- und Einrückung mittels Spannrollen, gekennzeichnet durch die Ablösung des Riemens oder Seiles von den Scheiben vermittelst Auflagen (DD^1), welche die beim Ausrücken der Spannrolle sinkenden oder infolge der Steifigkeit sich ausbiegenden Theile des Riemens oder Seiles derart stützen, dafs die Scheiben vollständig frei werden.*
2. *Eine Einrichtung zur Riem- oder Seilaus- und Einrückung der durch Anspruch 1 gekennzeichneten Art, bei welcher behufs sicherer Auslösung die Spannrolle selbst mit einem Abheber d versehen ist, welcher beim Ausrücken der Rolle den anliegenden Theil des Riemens oder Seiles mitnimmt."*[7]

Die Abb. 4.16 zeigt oben den gespannten Antriebsriemen e, der in diesem Zustand nicht zu einem Wechsel der Antriebsscheiben in der Lage ist. In der unteren Figur der Abb. 4.16 ist der Riemen e entspannt. Im entspannten Zustand kann der Riemen e auf andere Antriebsscheiben geschoben werden. Die unterschiedlichen Zustände werden durch die Spannrolle c ermöglicht. Der Abheber d unterstützt das Entspannen des Riemens e durch das Anheben des Riemens e.

4.5.3 Getriebe

In dem Patent DE 68492 A, das am 13. September 1892 patentiert wurde, wird eine Weiterentwicklung eines Getriebes offenbart.

Der Hauptanspruch lautet:

1. *„Ein Riem- oder Seilwechselgetriebe, gekennzeichnet durch die Anwendung von Spannrollen an Hebeln i^1 i^2, welche, jeder für sich um eine Achse l drehbar, vermittelst Zugstangen k^1k^2 von einer derart versetzt gekröpften Kurbelwelle G aus betätigt werden, dafs die eine Rolle nur dann eingerückt werden kann, wenn die andere ausgerückt ist, und dafs auf die jeweilig eingerückte Rolle die gesamte Federspannung wirkt, während bei gleichzeitiger Ausrückung beider Rollen die Federwirkung aufgehoben ist."*[8]

Die Abb. 4.17 zeigt eine Spannrolle, die durch einen Hebel gesteuert werden kann, wobei der Hebel um die Achse G geschwenkt wird.

---

[7] DPMA, https://depatisnet.dpma.de/DepatisNet/depatisnet?action=pdf&docid=DE000000070577A&xxxfull=1, abgerufen am 4.7.2024.

[8] DPMA, https://depatisnet.dpma.de/DepatisNet/depatisnet?action=pdf&docid=DE000000068492A&xxxfull=1, abgerufen am 4.7.2024.

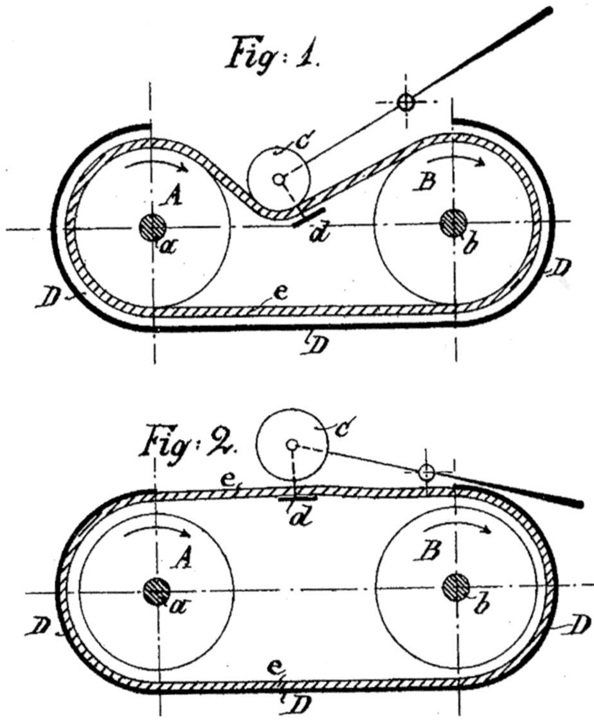

Abb. 4.16 Fig. 1 und 2 der DE70577A

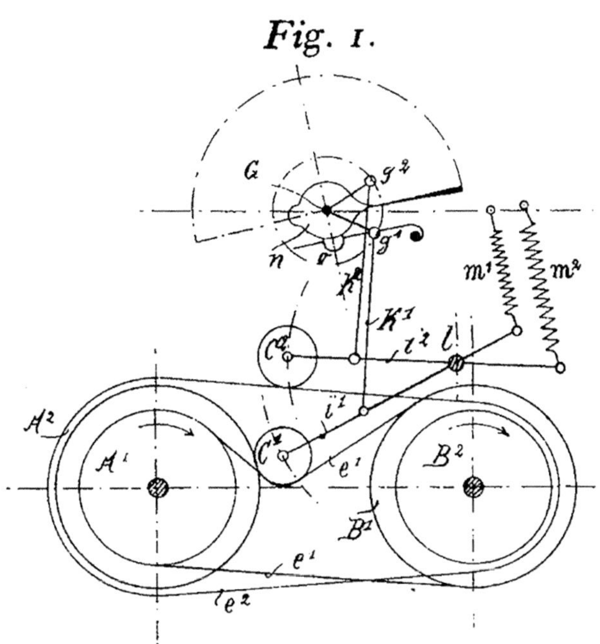

Abb. 4.17 Fig. 1 der DE68492A

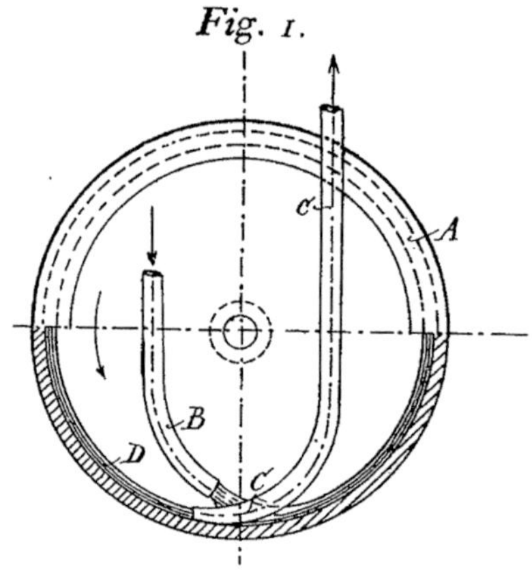

Abb. 4.18 Fig. 1 der DE70260

4.5.4 Kühler

In dem Patent DE 70260, das am 13. September 1892 erteilt wurde, wird eine Vorrichtung zur Kühlung der Kühlflüssigkeit für Kraftmaschinen und Kompressoren beschrieben, sodass der betreffende Fahrzeugmotor nicht überhitzt.

Der Hauptanspruch des Patents lautet:

1. *„Vorrichtung zur Kühlung der Kühlflüssigkeit für Kraftmaschinen und Compressoren, dadurch gekennzeichnet, dafs die Flüssigkeit in einen umlaufenden Behälter, der gleichzeitig als Schwungrad dienen kann, geführt wird, um an dessen Umfang angeschleudert, durch die Umdrehung bezw. durch Abschälen der heifsen Luft- und Dampfschicht abgekühlt und infolge der übertragenen Energie durch eine Auffangvorrichtung am Umfange des Behälters durch ein Umlaufrohr an die zu kühlenden Stellen zurückgeleitet zu werden.“*[9]

Die Erfindung besteht im Wesentlichen darin, dass das zu kühlende Wasser in eine zentrifugenartige Scheibe eingebracht wird und dort durch den durch die Scheibe erzeugten Wind bzw. durch teilweises Verdunsten seine Wärme verliert. Das abgekühlte Wasser wird durch ein Fangrohr aufgenommen und wieder zur Kühlung des Motors genutzt.

Die Abb. 4.18 zeigt die erfindungsgemäße Vorrichtung A mit dem Rohr B aus dem das zu kühlende Wasser in die Vorrichtung gelangt. Das Wasser kühlt sich in der Vorrichtung A ab und wird von dem Rohr C aufgenommen und wieder als Kühlwasser genutzt.

[9] https://depatisnet.dpma.de/DepatisNet/depatisnet?action=pdf&docid=DE000000070260A&xxxfull=1,abgerufen am 19.12.2024.

4.5.5 Belüftungsvorrichtung

In dem Patent DE 263121 A, das am 19. September 1912 erteilt wurde, wird eine Belüftungsvorrichtung beschrieben. Die Erfindung befasst sich mit dem Problem, dass kühlende Luft bis dato nicht gezielt an ein zu kühlendes Bauteil herangeführt wurde, sodass einzelne Abschnitte des zu kühlenden Bauteils nur mangelhaft gekühlt wurden. Die Erfindung löst dieses Problem durch alternierend nebeneinander angeordnete Zu- und Abführrinnen, die sich mäanderförmig an das zu kühlende Bauteil schmiegen, sodass sich eine gleichmäßige Kühlleistung ergibt.

Der Hauptanspruch lautet:

1. „*Belüftungsvorrichtung heißer Flächen, gekennzeichnet durch abwechselnd nebeneinandergereihte Zu- und Abführungsrinnen, welche mit der offenen Längsseite den wärmeabgebenden Flächen in geringem Abstand vorgebaut sind, so daß bei natürlichem oder künstlichem Luftzug die durch die Zuführungsrinnen eintretende frische Luft auf der ganzen Rinnenlänge unter den Rinnenrändern hindurch dicht über die heiße Fläche geführt wird und so alle Teile der heißen Fläche nahezu gleichmäßig von der Luft bestrichen und alle Luftteilchen gleichmäßig erwärmt werden.*“[10]

Die Abb. 4.19 zeigt links den Querschnitt und rechts eine Vorderansicht einer erfindungsgemäßen Vorrichtung mit dem zu kühlenden Körper a, an dem Zuführrinnen b angeordnet sind, die sicherstellen, dass der Körper a gleichmäßig mit kalter Luft beaufschlagt wird. Über die Abführrinnen c wird die aufgeheizte Luft wieder abgeführt. Hierzu weist die Belüftungsvorrichtung Querrippen e und Längsrippen f auf, die an dem Körper a befestigt sind.

4.5.6 Zentralschmiervorrichtung

Das Patent DE 221146 A, das am 10. Dezember 1907 erteilt wurde, beschreibt eine Zentralschmiervorrichtung, die mehrere Schmierpumpen zur Förderung von Öl aufweist. Die Aufgabe des Patents ist es, erkennbar zu machen, ob eine Ölförderung zum Motor tatsächlich stattfindet. Hierzu sieht die Erfindung „Schaugläser“ vor, wobei die Pumpen abwechselnd Öl und Luft fördern, sodass anhand wandernder Luftbläschen erkannt werden kann, ob ein Ölfluss besteht. Das Besondere der DE 221146 A ist, dass die Schaugläser der verschiedenen Pumpen nebeneinander angeordnet sind, sodass mit einem Blick sämtliche Ölförderungen überprüft werden können.

Der Hauptanspruch lautet:

[10] DPMA, https://depatisnet.dpma.de/DepatisNet/depatisnet?action=pdf&docid=DE000000263121A&xxxfull=1, abgerufen am 5.7.2024.

Fig. 1. Fig. 2.

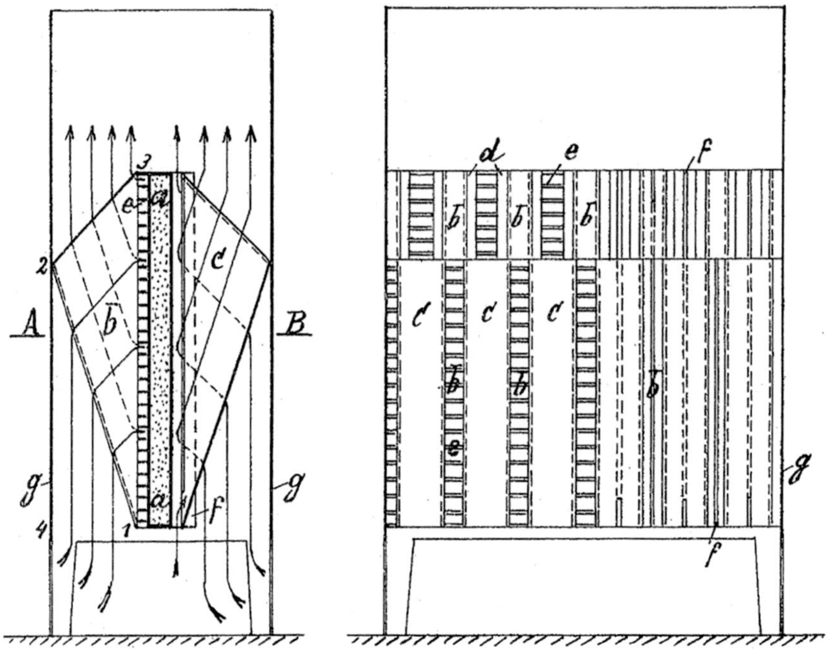

Abb. 4.19 Fig. 1 und 2 der DE 263121 A

1. *„Zentralschmiervorrichtung mit abwechselnd Öl und Luft fördernden, für die verschiedenen Schmierstellen getrennten Schmierpumpen nach Patent 189993, dadurch gekennzeichnet, daß die einzelnen Pumpen abwechselnd mit dem Öl und der Luft durch eine bei Zentralschmierpumpen bereits bekannte Schleppschiebersteuerung verbunden werden, deren Schieber (9) durch ein quer vor den Pumpen hin und her bewegtes Lineal (6) bewegt wird, welches durch eine Kurven- oder Lenkerführung bei jeder Hin- und Herbewegung eine zweimalige Auf- und Niederbewegung ausführt."*[11]

Die Abb. 4.20 zeigt die erfindungsgemäße Zentralschmiervorrichtung mit Schmierpumpen, wobei in der Fig. 1 ein Querschnitt und in der Fig. 2 ein Schnitt nach der Linie A-B dargestellt ist. Mit dem Bezugszeichen 1 sind die Pumpen bezeichnet und das Bezugszeichen 2 ist für die Schaugläser vergeben, die nebeneinander angeordnet sind, sodass das Wandern von Luftblasen mit einem Blick für sämtliche Ölleitungen des Fahrzeugs überwacht werden kann. Wandern keine Luftblasen in den Schaugläsern, ist von einer unterbrochenen Ölförderung in der betreffendem Fluidleitung auszugehen. Der Ölbehälter ist mit „12" bezeichnet.

[11] DPMA, https://depatisnet.dpma.de/DepatisNet/depatisnet?action=pdf&docid=DE000000221146A, abgerufen am 5.7.2024.

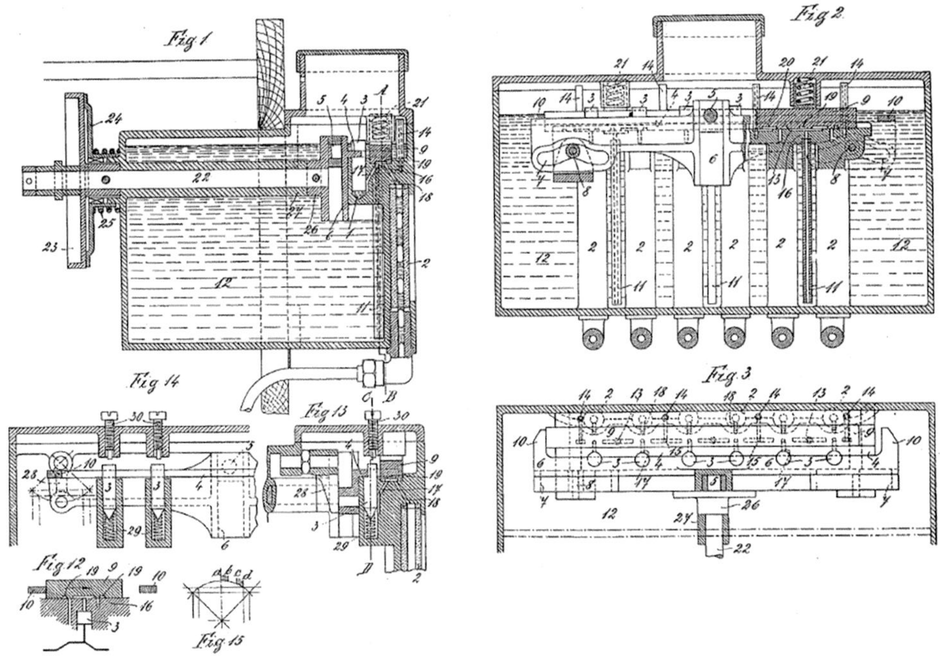

Abb. 4.20 Fig. 1 bis 3, 12 bis 14 der DE221146A

4.6 Béla Barényi

Béla Barényi, geboren am 1. März 1907 und gestorben am 30. Mai 1997, war ein Wegbereiter der Sicherheitskonzepte des modernen Automobils, die insbesondere die Insassensicherheit zum Ziel hatten.

4.6.1 Knautschzone

Béla Barényi ist der Erfinder der Knautschzone. In seinem Patent DE 854157, dessen Patenterteilung am 28. August 1952 bekanntgemacht wurde, entwickelte er ein Sicherheitskonzept für ein Fahrzeug, das der bis dahin geltenden Fachmeinung, dass ein Fahrzeug über seine gesamte Länge steif ausgebildet sein muss, zuwider lief. Stattdessen entwarf er eine dreigeteilte Karosserie mit einer stabilen Fahrgastzelle und weichen, verformbaren Vorder- und Heckbereichen. Die stabile Fahrgastzelle bietet den Fahrgästen Schutz vor einem Einquetschen bei einem Crash. Vorteilhafterweise nehmen die ver-

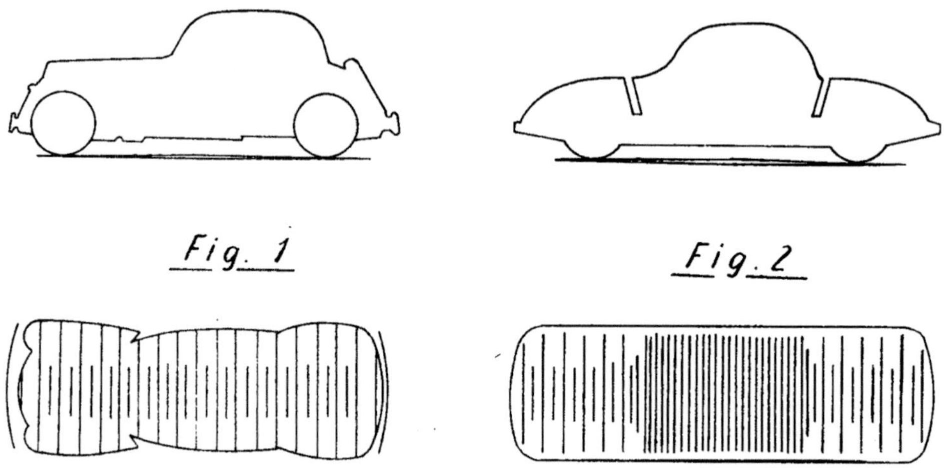

Abb. 4.21 Fig. 1 und 2 der DE854157B

formbaren Bereiche des Fahrzeugs die hohe Bewegungsenergie bei einem Aufprall auf und machen sie durch das Verformen „unschädlich“.

Die Abb. 4.21 zeigt in der linken Hälfte ein bis dahin üblicher Aufbau eines Fahrzeugs und auf der rechten Hälfte eine erfindungsgemäße Konstruktion eines Fahrzeugs. Insbesondere kann rechts eine Dreiteilung des Fahrzeugs erkannt werden, mit einem robusten Bereich um die Fahrgastzelle und deformierbaren vorderen und hinteren Abschnitten.

Die Abb. 4.22 zeigt zwei Varianten der erfindungsgemäßen Fahrzeugkonstruktion, wobei oben ein Rahmen 1 um die Fahrgastzelle angeordnet ist und rechts und links sich Rahmen 2 befinden, die sich bei einem Aufprall verformen und die Energie eines Crashs absorbieren können, wodurch der Rahmen 1 intakt bleiben kann. In der unteren Figur 4 sind sogar zwei vordere und zwei hintere zusätzliche Rahmen 5 und 6 angeordnet. Das Fahrzeug weist außerdem Sicherheitsleisten 3 auf, die einen zusätzlichen Schutz für die Fahrgastzelle darstellen.

4.6.2 Sicherheitslenkung

Die Sicherheitslenkung, die ab 1967 serienmäßig in Mercedes-Benz-Limousinen eingebaut wurde, umfasst zwei Bestandteile. Zum einen ist die Lenkung teleskopartig ausgeführt, sodass sie bei einem Crash eingezogen werden kann und nicht in die Fahrgastzelle hineinragt und eine Verletzungsgefahr darstellt. Zum anderen umfasst das Lenkrad einen mittleren, weichen Abschnitt, der bei einem Aufprall des Fahrers auf das Lenkrad nachgiebig ist und als Aufprallpuffer wirkt.

Die Erfindung des deformierbaren Mittelabschnitts ist in der DE 1630265 C3 beschrieben, die am 11. April 1967 beim Patentamt eingereicht wurde.

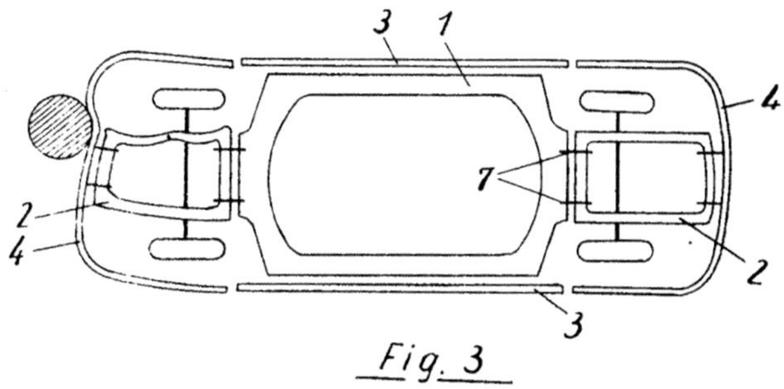

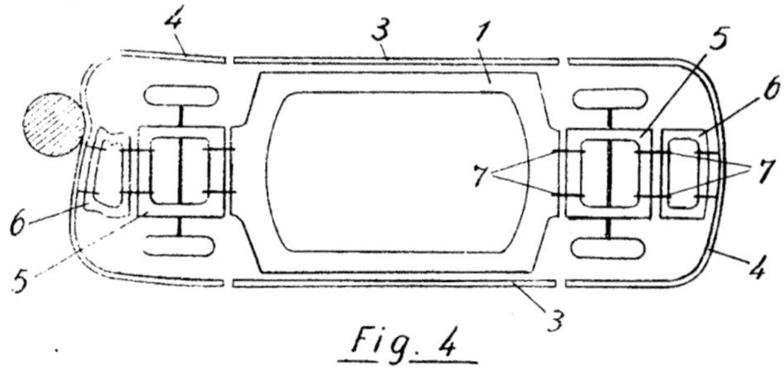

Abb. 4.22 Fig. 3 und 4 der DE854157B

Der Hauptanspruch des Patents lautet:

1. *„Sicherheitslenkung für Kraftfahrzeuge mit einem zwischen dem Lenkhandrad und der Lenkwelle angeordneten, z. B. aus Blech bestehenden, plastisch verformbaren Deformationsglied in Form eines Pralltopfes, dadurch gekennzeichnet, daß die Mitte (5) der dem Lenkhandrad (2) zugekehrten Grundfläche des Deformationsgliedes (3) gegenüber der Mitte des Lenkhandrades (2) bei Geradeausfahrtstellung des Lenkhandrades nach unten versetzt ist.“*[12]

Die Abb. 4.23 zeigt zwischen der Lenkwelle 1 und dem Lenkhandrad 2 ein Deformationsglied 3, das die Energie bei einem Aufprall des Fahrers aufnehmen kann. Außerdem weist das Lenkhandrad 2 einen gepolsterten Lenkradnabenkörper 4 auf, der als Aufprallschutz für den Fahrer wirken kann.

4.7 Ferdinand Porsche

Ferdinand Porsche, geboren am 3. September 1875 und gestorben am 30. Januar 1951, war ein wegweisender Automobil-Ingenieur und Gründer der Firma Porsche.

[12] DPMA, https://depatisnet.dpma.de/DepatisNet/depatisnet?action=pdf&docid=DE000001630265C3, abgerufen am 7.7.2024.

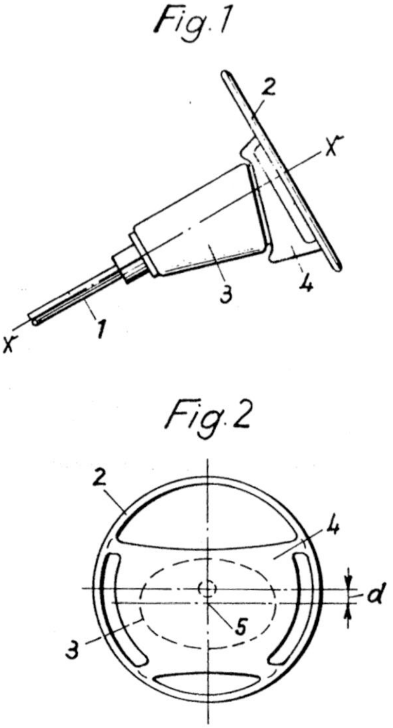

Abb. 4.23 Fig. 1 und 2 der DE1630265C3

4.7.1 Rennwagen mit Mittelmotor

Porsche entwickelte sehr erfolgreiche Rennwagen, die den Rennsport zu ihrer Zeit dominierten. In seinem Patent DE 692180 A, dessen Patenterteilung am 16. Mai 1940 bekannt gemacht wurde, beschreibt er ein Fahrgestell für Rennwagen, bei dem der Motor und der Kraftstofftank vor der Hinterachse liegen. Diese Erfindung wurde zum Standard im Rennsport.

Der einzige Anspruch des Patents DE 692180 A lautet:

„Fahrgestell für Rennwagen, bei dem die schweren Massen nahe um den in der Federstützebene liegenden Gesamtschwerpunkt herum angeordnet sind, dadurch gekennzeichnet, daß der Schwerpunkt (S_b) des Brennstoffbehälters (22) so nahe, wie es die baulichen Verhältnisse erlauben, dem Gesamtschwerpunkt (S), und zwar zwischen dem Fahrer und dem Motor, liegt."[13]

Die Abb. 4.24 zeigt das erfindungsgemäße Fahrzeug, wobei der Kraftstofftank 22 nahe der Mitte des Fahrzeugs angeordnet ist. Auf diese Weise weist das Fahrzeug unabhängig vom Füllstand des Fahrzeugs konstante Fahreigenschaften auf. Der Fahrer muss daher

[13] DPMA, https://depatisnet.dpma.de/DepatisNet/depatisnet?action=pdf&docid=DE000000692180A, abgerufen am 7.7.2024.

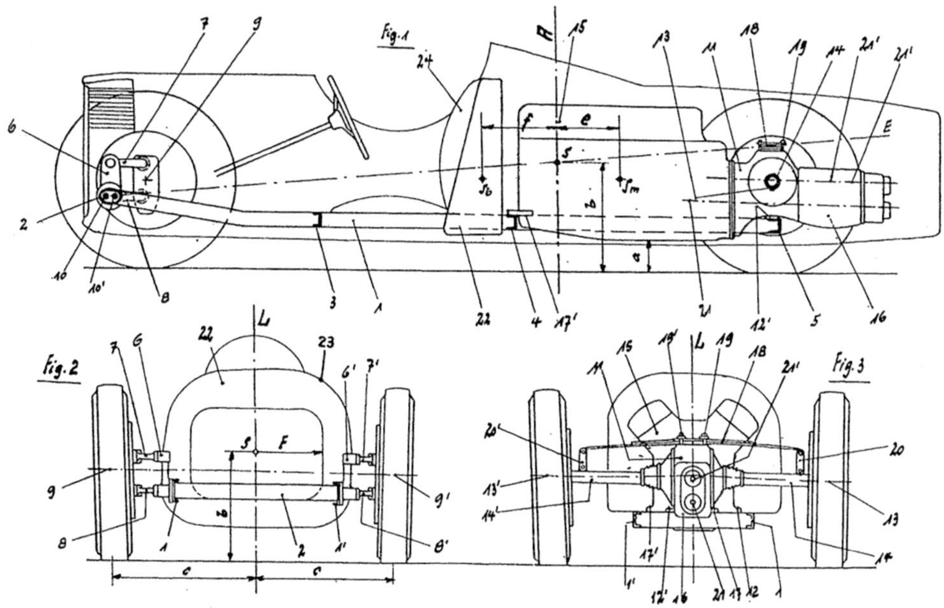

Abb. 4.24 Fig. 1 bis 3 der DE692180A

sein Fahrverhalten nicht entsprechend einem geringer werdenden Füllstand in dem Kraftstofftank 22 anpassen. Ein weiterer Vorteil dieser Anordnung ist, dass der Kraftstofftank 22 eine Schall- und Wärmeisolierung für den Fahrer gegenüber dem Antriebsmotor 15 darstellt.

4.7.2 Antischlupfregelung

Ferdinand Porsche ist auch der Erfinder der Antischlupfregelung. In seinem Patent DE 695718 A mit dem Titel „selbsttätige Einrichtung zum Verhindern des Durchgehens der Antriebsräder von Kraftfahrzeugen", das am 13. August 1937 erteilt wurde, offenbart er seine Erfindung.

Der Hauptanspruch des Patents lautet:

1. *„Selbsttätige Einrichtung zum Verhindern des Durchgehens der Antriebsräder von Kraftfahrzeugen unter Verwendung einer Drehzahlvergleichsvorrichtung zwischen zwei Fahrzeugachsen, dadurch gekennzeichnet, daß die Vergleichsvorrichtung zwischen den angetriebenen (4) und den nicht angetriebenen Rädern (3) angeordnet ist*

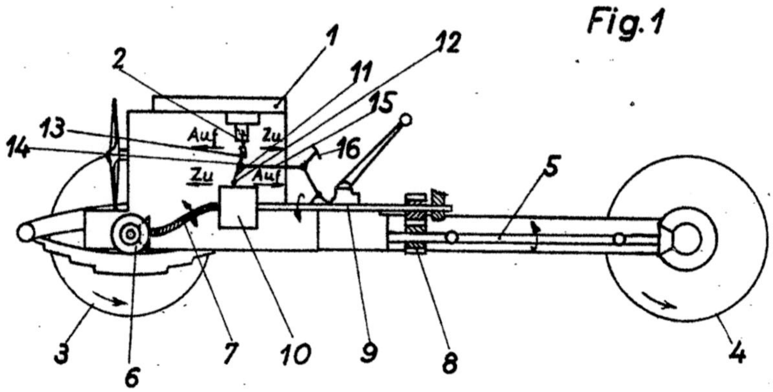

Abb. 4.25 Fig. 1 der DE695718A

und in Abhängigkeit von der Differenz der Umfangsgeschwindigkeiten dieser Räder die Betriebsmittelzufuhr der Antriebsmaschine (1) beeinflußt.“[14]

Das erfinderische Prinzip ist daher, dass anhand eines Drehzahlvergleichs eines Antriebsrads mit einem nicht angetriebenen Rad ein Durchdrehen des Antriebsrads erkannt wird. Dreht sich das Antriebsrad deutlich schneller als das nicht angetriebene Rad, liegt ein „Durchgehen“ des Antriebsrads vor. Wird ein Durchdrehen erkannt, wird der Antrieb durch Verringerung des Kraftstoffzufuhrs solange gedrosselt, bis das Antriebsrad und das nicht angetriebene Rad wieder gleich schnell drehen.
Die Abb. 4.25 zeigt die erfindungsgemäße Antischlupfregelung mit dem angetriebenen Rad 4 und dem nicht angetriebenen Rad 3. Wird ein Drehzahlunterschied der beiden Räder 3 und 4 festgestellt, wird die Kraftstoffzufuhr gedrosselt, bis die beiden Räder 3 und 4 wieder dieselbe Drehzahl aufweisen.

4.8 VW Käfer

Ferdinand Porsche gilt als der Vater des VW Käfers. Das stimmt jedoch nur eingeschränkt. Es gibt viele weitere bedeutende Entwickler und Ingenieure, die einen wichtigen Beitrag zur Entstehung des Fahrzeugs beigetragen haben, dessen Verkaufszahl nur vom VW Golf übertroffen wird.

[14] DPMA, https://depatisnet.dpma.de/DepatisNet/depatisnet?action=pdf&docid=DE000000695718A, abgerufen am 8.7.2024.

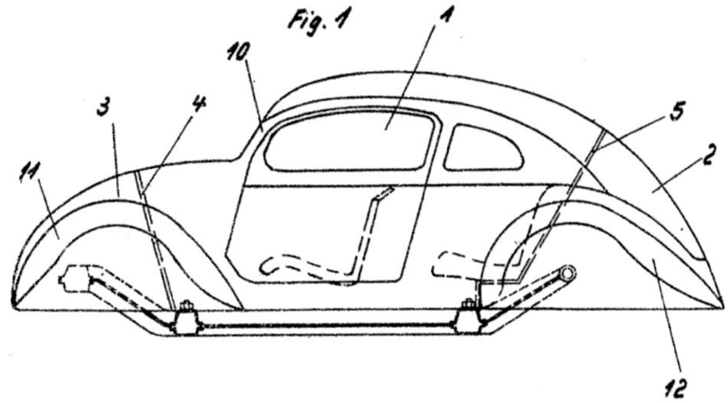

Abb. 4.26 Fig. 1 der DE744982A

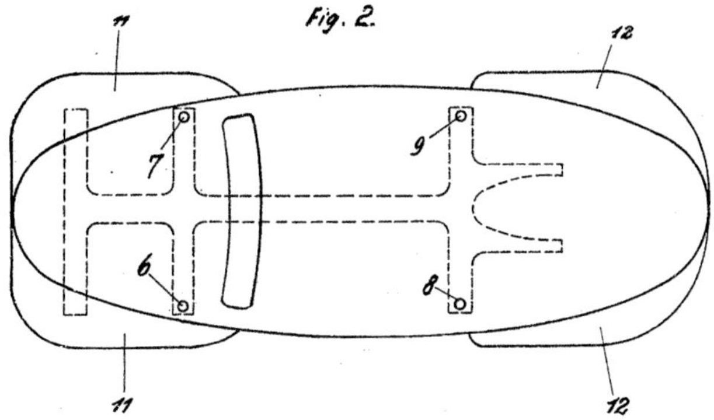

Abb. 4.27 Fig. 2 der DE744982A

4.8.1 Karosserie: Erwin Komenda

Erwin Komenda ist der Entwickler der Karosserie des VW Käfers. In seinem Patent DE 744982 A, das am 10. November 1936 erteilt wurde, mit dem Titel „Kraftfahrzeug mit nach unten offenem, eine selbsttragende Glocke bildenden Wagenkasten" wird die Karosserie des berühmten Fahrzeugs beschrieben.

Der Hauptanspruch des Patents lautet:

1. *„Kraftfahrzeug mit nach unten offenem, eine selbsttragende Glocke bildendem Wagenkasten, der durch Querwände unterteilt und mit den Trägern des Fahrgestells leicht lösbar verbunden ist und dessen Fußboden einen Bestandteil des Fahrgestells bildet, dadurch gekennzeichnet, daß der Wagenkasten (1) mit den Querträgern des Fahrgestells im wesentlichen lediglich über seine Querwände (4, 5) verbunden ist."*[15]

Die Abb. 4.26 zeigt in einer Seitenansicht den Wagenkasten des VW Käfers.

Die Abb. 4.27 zeigt in einer Draufsicht den Wagenkasten.

[15] DPMA, https://depatisnet.dpma.de/DepatisNet/depatisnet?action=pdf&docid=DE000000744982A, abgerufen am 8.7.2024.

4.8.2 Lüftung: Béla Barényi

Béla Barényi war für die Entwicklung der Lüftungs-, Heiz-, Kühl- und Bremsvorrichtung des VW Käfers verantwortlich. In dem Patent AT 152038, das am 15. August 1937 erteilt wurde, beschreibt er ein Lüftungssystem, das durch eine Aufspaltung in Zellen zu einem gehobenen Fahrkomfort führt, da die typischen Vibrationen einer Belüftungsanlage von der Fahrgastzelle ferngehalten werden.

Der Hauptanspruch des Patents lautet:

1. *„Kraftfahrzeug mit in zwei oder mehrere hintereinanderliegende, voneinander unabhängige und lösbare Zellen unterteilter Karosserie und Luftspalten zwischen den Karosseriezellen, dadurch gekennzeichnet, dass die Luftspalte zur Ausnützung der während der Fahrt auftretenden Luftströmungen für Lüftungs-, Heiz-, Kühl-, Bremszwecke usw. oder für den aerodynamischen Ausgleich eingerichtet sind.“*[16]

Die Abb. 4.28 zeigt in der Figur 1 eine Ausführungsform, bei der die Fahrgastzelle von Lüftungsvorrichtungen versorgt wird. Der Mittelträger 1 verbindet den vorderen Abschnitt A des Fahrzeugs mit dem hinteren Abschnitt C. Auf dem Mittelträger 1 sitzt die Fahrgastzelle B. Die Spalte zwischen den einzelnen Abschnitten wird dazu genutzt, eine Belüftungsvorrichtung zu realisieren, sodass ein Luftstrom durch die Fahrgastzelle geleitet werden kann. Zur Regelung des Luftstroms sind Klappen 2 und 2` vorgesehen. Der Luftstrom kann über eine geöffnete Klappe 2 in den Fahrgastraum gelangen und bei geöffneter Klappe 2´ diese wieder verlassen. Die Figur 2 zeigt eine alternative Ausführungsform mit einem Luftstromkanal 3 im vorderen Bereich des Fahrzeugs. Fig. 3 zeigt eine Variante mit einem Zu- und Abstrom zwischen der Fahrgastzelle und dem Heckbereich C. In der Fig. 4 weist das Fahrzeug seitliche Schlitze auf, in die ein Luftstrom eindringen kann.

4.8.3 Heckmotor: Hans Ledwinka

Hans Ledwinka war für Tatra Fahrzeuge in Tschechien tätig und entwickelte einige Elemente für sein Unternehmen, die später auch im VW Käfer verwendet wurden.

Hans Ledwinka konstruierte den Heckmotor und den Heckantrieb für den VW Käfer, wodurch der schwere Motor vorteilhafterweise auf der Antriebsachse lag und dadurch eine gute Traktion sicherstellte. In dem Patent DE 1174628 A, das am 3. Juli 1939 beim Patentamt eingereicht wurde, wird die erfinderische Konstruktion beschrieben.

Der Hauptanspruch lautet:

[16] DPMA, https://depatisnet.dpma.de/DepatisNet/depatisnet?action=pdf&docid=AT000000152038B, abgerufen am 8.7.2024.

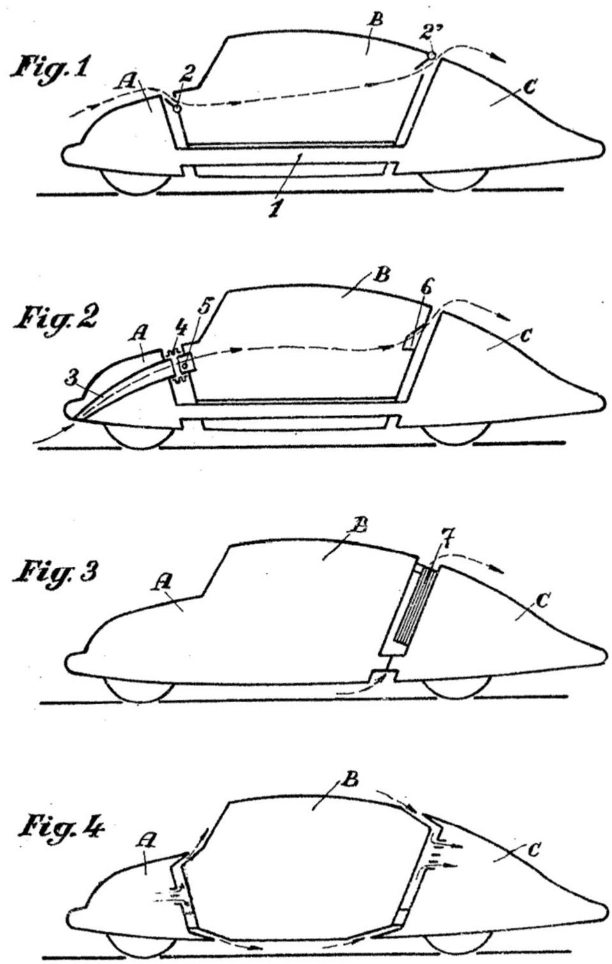

Abb. 4.28 Fig. 1 bis 4 der AT152038B

1. *„Heckmotorwagen, dessen Wagenkasten rückwärts einen mit einer Klappe ausgestatteten Motorraum bildet, dadurch gekennzeichnet, daß der Motorraum nach rückwärts offen ist und im unteren rückwärtigen Bereich ein einsetzbares Querstück (4) aufweist.“*[17]

Die Abb. 4.29 zeigt den Heckbereich des Fahrzeugs mit den Gabelarmen 2 und 3 und dem Querstück 4. Auf den Heckbereich kann die Klappe 6 aufgesetzt werden.

[17] DPMA, https://depatisnet.dpma.de/DepatisNet/depatisnet?action=pdf&docid=DE000001174628A, abgerufen am 9.7.2024.

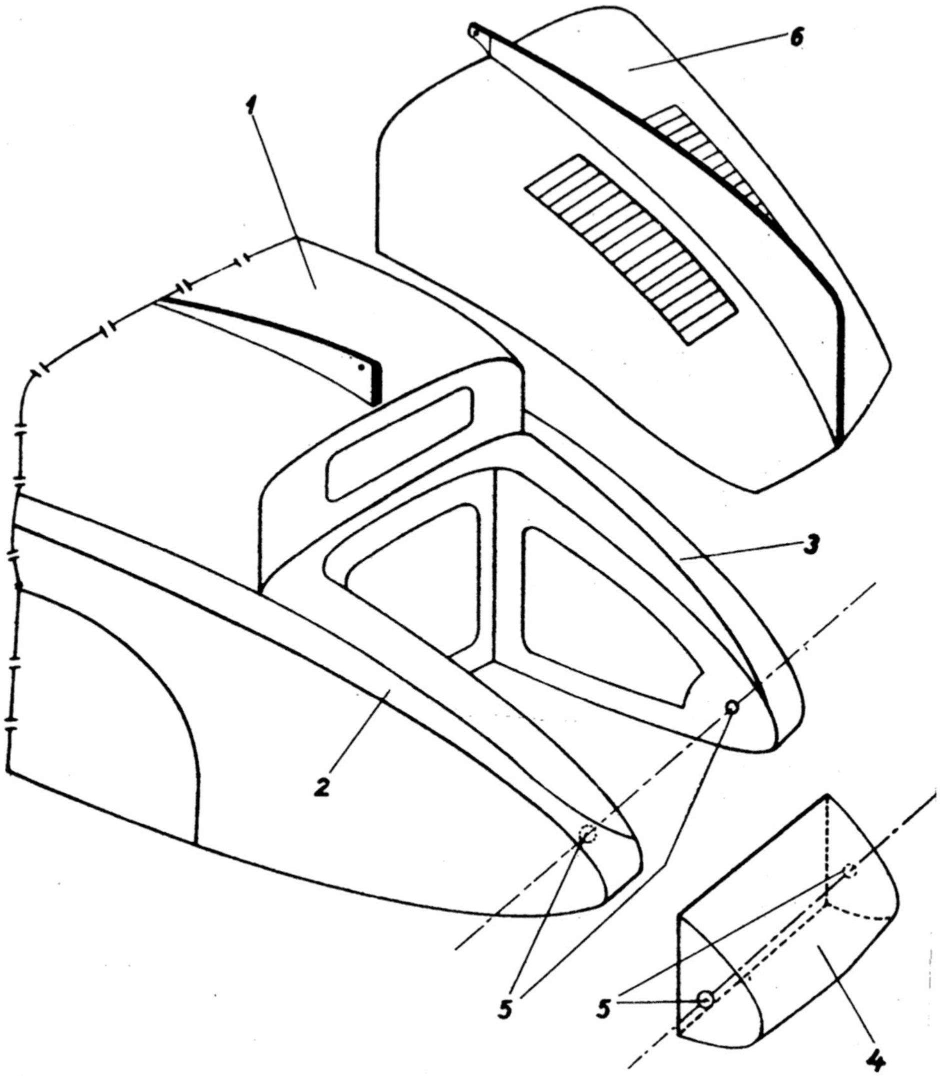

Abb. 4.29 Figur der DE1174628A

4.9 Sicherheitsgurt

In einem Fahrzeug gibt es aktive und passive Sicherheitssysteme. Die passiven Sicherheitssysteme schwächen die Folgen eines Unfalls ab. Ein aktives Sicherheitssystem ist beispielsweise die Antischlupfregelung, da sie aktiv eingreift, um einen Unfall zu verhindern. Beispiele für passive Sicherheitssysteme sind die Knautschzone und insbesondere der Dreipunkt-Sicherheitsgurt.

Abb. 4.30 Figur der FR331926

4.9.1 Vierpunktgurt: Gustave-Désiré Leveau

Ein Vorläufer des Dreipunkt-Sicherheitsgurts wurde bereits am 11. Mai 1903 zum Patent erteilt. Gustave-Désiré Leveau beschreibt in seinem Patent FR 331926 einen Vierpunktgurt.[18]

Die Abb. 4.30 zeigt den Vierpunktgurt, der kreuzförmig über die Brust der Fahrzeuginsassen gespannt ist.

4.9.2 Dreipunkt-Sicherheitsgurt: Nils Ivar Bohlin

Der Erfinder des modernen Dreipunkt-Sicherheitsgurts ist Nils Ivar Bohlin. In seinem Patent US 3043625 A, das am 10. Juli 1962 erteilt wurde, wird seine Erfindung beschrieben.

Der Hauptanspruch des Patents lautet:

1. *„In combination with a vehicle comprising a body structure including a floor, a seat, a top mounting firmly secured to said body structure at a point substantially on a level with the shoulder of a person occupying the seat and floor mountings located respectively at opposite sides of the seat and secured to said body structure, a safety belt to*

[18] DPMA, https://depatisnet.dpma.de/DepatisNet/depatisnet?action=pdf&docid=FR000000331926A, abgerufen am 9.7.2024.

protect the wearer thereof in said seat from being thrown forward upon any sudden deceleration of the vehicle, said safety belt comprising a chest strap extending obliquely across the chest of the wearer and a hip strap joined at one end thereof to the lower end of said chest strap and extending transversely across the wearer at the hip bones, the upper end of said chest strap being connected to said top mounting, one end of said hip strap being connected to that floor mounting which is located on the same side of the seat as said top mounting, said chest strap and said hip strap forming a continuous sling, and connecting means operable to detachably anchor that part of the safety belt formed by the junction between the lower end of said chest strap and the corresponding end of said hip strap to the other floor mounting so that said chest strap is maintained obliquely across the chest of the wearer and said hip strap is maintained transversely across the wearer at the hip joints notwithstanding the application of stress forces developed as a result of sudden deceleration of the vehicle.“[19]

In dem Anspruch wird ein Brustgurt beschrieben, der sich schräg über die Brust eines Fahrzeuginsassen erstreckt und ein Hüftgurt, wobei der Brustgurt und der Hüftgurt als eine einzige Schlinge ausgebildet sind, die über Schlaufen diagonal über die Brust und um das Becken des Fahrzeuginsassen geführt wird.

Die Abb. 4.31 zeigt den Dreipunktgurt mit dem Brustabschnitt 7 und dem Hüftabschnitt 8, der an drei Stellen der Karosserie 3, 4 und 5 verankert ist.

4.9.3 Vorspanner für Sicherheitsgurt

Mit einem Vorspanner kann sichergestellt werden, dass ein Sicherheitsgurt zu jeder Zeit bereits gespannt ist, wodurch ein Durchrutschen unter einem lose hängenden Gurt bei einem Aufprall verhindert wird.

Die Patentschrift DE 10 2022 209731 A1, die am 16. September 2022 beim Patentamt eingereicht wurde, beschreibt einen erfindungsgemäßen Vorspanner. Der Hauptanspruch lautet:

1. „*Vorspanner für einen Sicherheitsgurt, wobei der Vorspanner umfasst:*
   ein Gehäuse;
   einen Träger, der auf einer ersten Oberfläche des Gehäuses angeordnet ist;
   ein mit dem Träger verbundenes Befestigungselement;
   eine erste Riemenscheibe, die in einem ersten Bereich der ersten Oberfläche des Gehäuses angeordnet ist;
   eine zweite Riemenscheibe, die in einem zweiten Bereich der ersten Oberfläche gegenüber dem ersten Bereich in Bezug auf den Träger angeordnet ist;
   eine Antriebseinheit, von der mindestens ein Teil mit der zweiten Riemenscheibe gekoppelt ist; und.

[19] DPMA, https://depatisnet.dpma.de/DepatisNet/depatisnet?action=pdf&docid=US000003043625A, abgerufen am 9.7.2024.

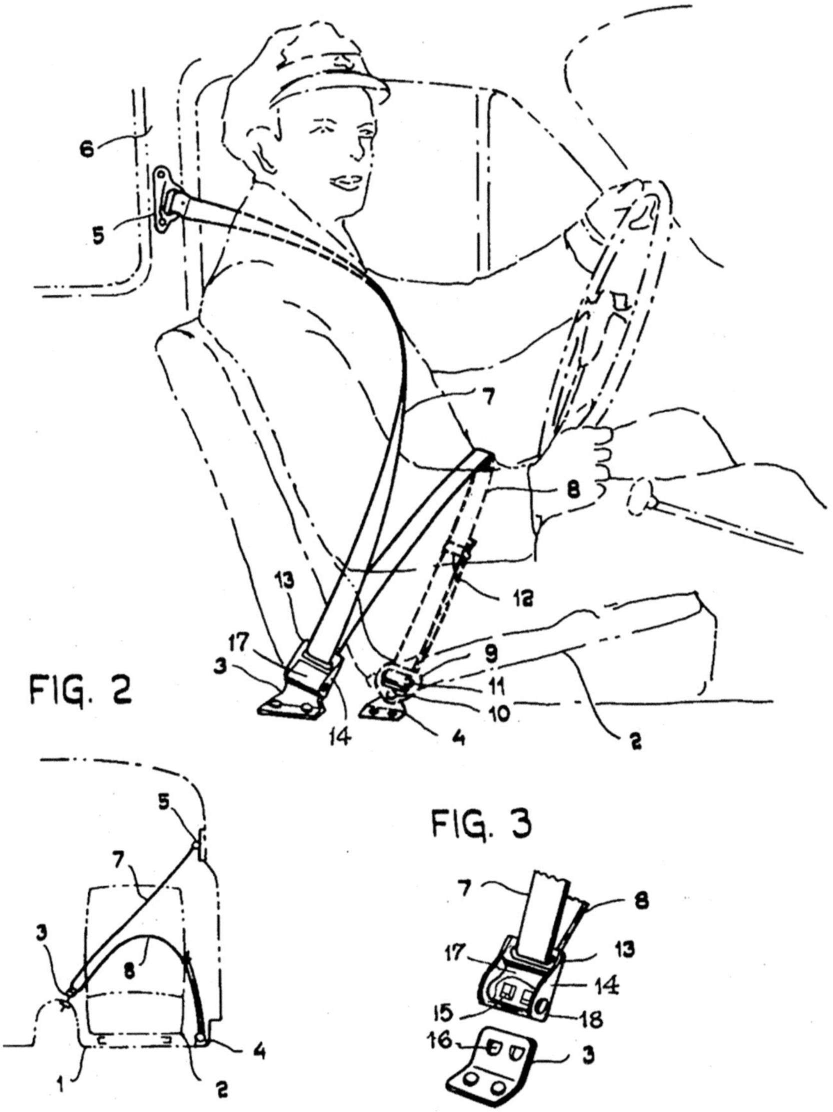

Abb. 4.31 Fig. 1 bis 3 der US3043625A

einen Riemen, der so angeordnet ist, dass er mit der ersten Riemenscheibe, der zweiten Riemenscheibe und dem Träger ineinandergreift.“[20]

Die Abb. 4.32 zeigt den erfindungsgemäßen Vorspanner 100, der an einem Sitz 200 montiert ist.

[20] DPMA, https://depatisnet.dpma.de/DepatisNet/depatisnet?action=pdf&docid=DE102022209731A1, abgerufen am 9.7.2024.

Abb. 4.32 Fig. 1 der DE102022209731A1

FIG. 1

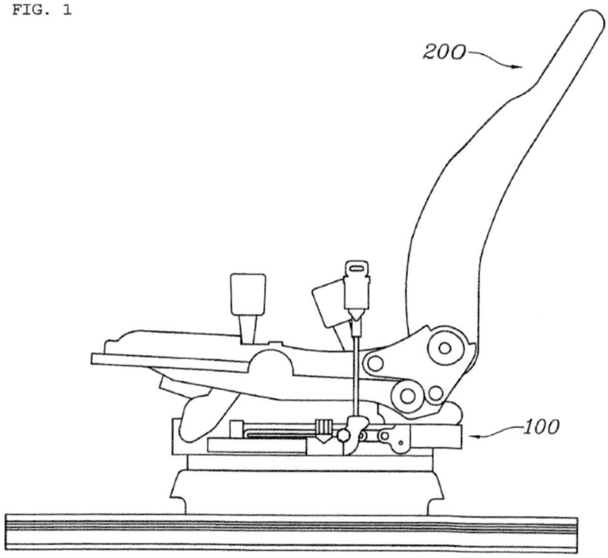

4.10 Scheibenwischer

Die ersten Scheibenwischer mussten noch von Hand bewegt werden. Erst 1926 entwickelte die Robert Bosch GmbH einen Scheibenwischer, der durch einen Elektromotor angetrieben wurde.

4.10.1 Mary Anderson

Die US-Amerikanerin Mary Anderson ließ sich mit der US 743801, die am 10. November 1903 zum Patent erteilt wurde, den ersten Scheibenwischer schützen.

Der Anspruchssatz des Patents lautet:

1. „*The combination with a spindle, of an arm removably secured thereto, an adjustable weight for counterbalancing one end thereof, and cleaners yieldingly pivoted to the main portion of the arm.*
2. *The combination with a spindle, and a handle journaled to one end thereof, of an arm secured to the opposite end of the spindle, a cleaner pivotally mounted on the arm, and springs secured to the arm and pressing yieldingly against the cleaner whereby to hold it yieldingly against the object to be cleaned.*
3. *The combination with a spindle having a head thereon, of an arm removably secured to the head, and a yieldingly supported cleaner carried by the arm*
4. *The combination with a suitable support, and an arm connected therewith, of a plurality of cleaners yieldingly supported on the arm as an axis in alinement with each*

other and means whereby to swing the arm to cause the cleaners to sweep in an arc from the single support, across the surface to be cleaned."[21]

Der Anspruch 1 beschreibt einen Arm, der sich rotierend bewegen lässt, und ein Ausgleichsgewicht umfasst, wobei an dem Arm flexible reinigende Elemente angeordnet sind. Im Anspruch 2 werden Federn offenbart, die die reinigenden Elemente auf die Windschutzscheibe pressen. Der Anspruch 4 beschreibt eine Kombination mehrerer reinigender Elemente für eine Windschutzscheibe.

Die Abb. 4.33 zeigt den erfindungsgemäßen Scheibenwischer mit einem Holzleisten H, an dem ein Gummi T befestigt ist, der über die Windschutzscheibe des Fahrzeugs gezogen werden kann.

4.10.2 Heinrich Prinz von Preußen

Der Hohenzollern-Prinz erhielt am 24. März 1908 ebenfalls ein Patent für einen Scheibenwischer. Der Hauptanspruch seines Patents DE 204343 A lautet:

1. *„Aus einem nach Art eines Freiträgers ausladenden Abstreichlineal bestehender Scheibenreiniger für die vordere Schutzscheibe an Kraftfahrzeugen, dadurch gekennzeichnet, daß das Abstreichlineal mit nur einem Führungsstück versehen und mit demselben in bzw. auf einer am Schutzscheibenrahmen angeordneten Führungsbahn in gerader Richtung hin und her verschiebbar ist.*"[22]

Die Abb. 4.34 zeigt eine Führungsstange c, die einen Träger e führt, an dem ein Abstreichlineal d angeordnet ist, das über die zu reinigende Frontscheibe a streicht. Am Ende des Trägers e ist eine Rolle h angeordnet, um das Bewegen des Abstreichlineals d über die Scheibe zu erleichtern.

4.10.3 Scheibenwischer mit Elektromotor

In der Patentschrift DE 472574 mit dem Titel „Windschutzscheibenreiniger mit elektrischem Antrieb", die am 10. April 1927 erteilt wurde, wird zum ersten Mal ein Scheibenwischer mit einem Motor beschrieben. Eine händische Bewegung des Scheibenwischer wurde damit überflüssig.

---

[21] DPMA, https://depatisnet.dpma.de/DepatisNet/depatisnet?action=pdf&docid=US000000743801A, abgerufen am 3.7.2024.

[22] DPMA, https://depatisnet.dpma.de/DepatisNet/depatisnet?action=pdf&docid=DE000000204343A, abgerufen am 3.7.2024.

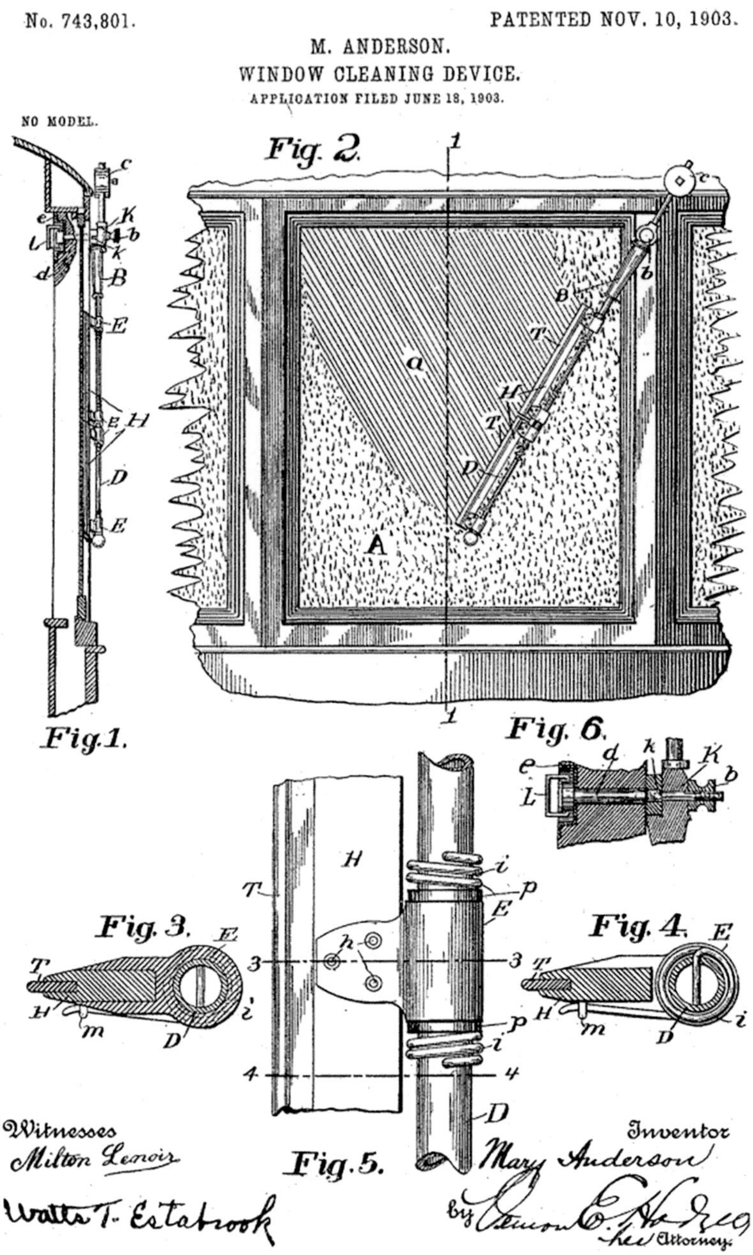

Abb. 4.33 Fig. 1 bis 6 der DE743801

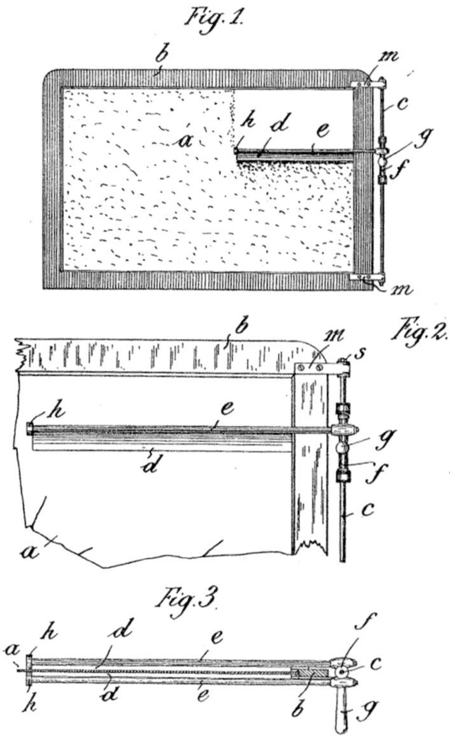

Abb. 4.34 Fig. 1 bis 3 der DE204343A

Der Hauptanspruch des Patents lautet:

1. „*Windschutzscheibenreiniger mit elektrischem Antrieb, insbesondere für Kraftfahrzeuge, bei dem Antriebsvorrichtung und Scheibenreiniger voneinander getrennt angeordnet und beide, ohne die Scheibe zu durchbohren, am Wagen befestigt sind, dadurch gekennzeichnet, daß der Scheibenreiniger (3) von einem besonderen Haltearm (4) getragen wird, der die Entfernung von der am Wagen vorgesehenen Befestigungsstelle (13) des Scheibenreinigers bis zu seiner Arbeitsstelle überbrückt.*“[23]

Die Abb. 4.35 zeigt eine Abbildung der DE 472574 A mit einem kleinen Motor 1, der über einen Arm 7 und eine Stange 8 einen Wischhebel 3 antreibt.

[23] DPMA, https://depatisnet.dpma.de/DepatisNet/depatisnet?action=pdf&docid=DE000000472574A, abgerufen am 3.7.2024.

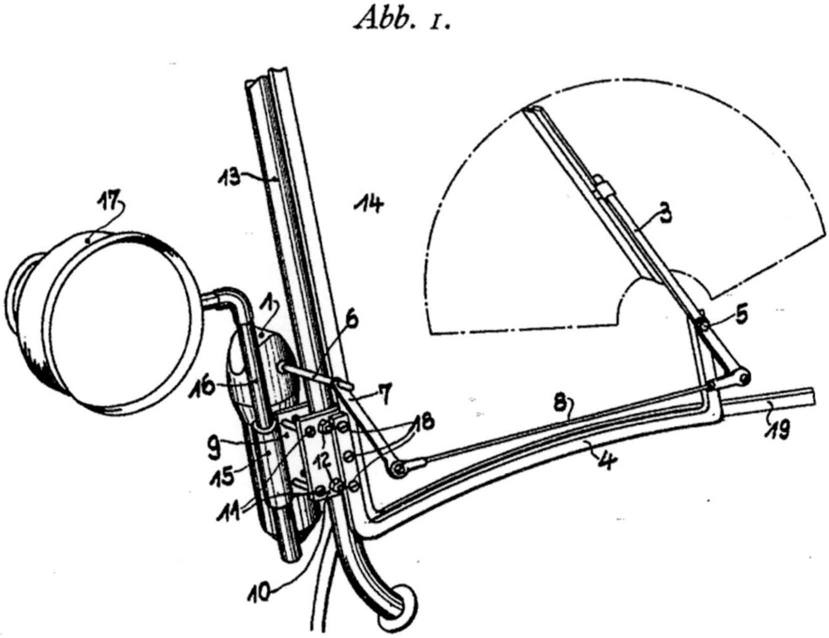

Abb. 4.35 Abb. 1 der DE472574

5 Schiffe

Ein Schiff ist ein größeres Wasserfahrzeug, das in einer Werft hergestellt wird und zum Transport von Personen und Gütern auf Flüssen, Seen oder Meeren geeignet ist. Es können hochseetüchtige Seeschiffe und Binnenschiffe unterschieden werden.

5.1 Schiffsschraube

Mit der Verfügbarkeit leistungsstarker Maschinen zum Antreiben von Schiffen wurde nach Alternativen zum Schaufelradantrieb gesucht, der sich oft als ungenügend erwiesen hatte. Josef Ressel erfand als erster den Schiffspropeller, der sich schließlich zum standardmäßigen Schiffsantrieb als sogenannte „Schiffsschraube“ durchsetzte.

5.1.1 Josef Ressel

Josef Ludwig Franz Ressel, geboren am 29. Juni 1793 und gestorben am 9. Oktober 1857, ist der Erfinder der Schiffsschraube und erhielt am 11. Februar 1827 auf seine Erfindung ein „Ausschließendes Privilegium“ in Österreich. Sein Schutzrecht, das damals „Privileg“ genannt wurde, bezog sich auf eine:

„Erfindung eines, einer Schraube ohne Ende gleichenden Rades, welches 1) im Wasser von irgendeiner äußeren Triebkraft in Bewegung gesetzt, zum Fortziehen der Schiffe auf dem Meere, auf Seen, und selbst auf Flüssen, dann 2) bey Schiffe und Windmühlen, als Triebrad anwendbar sey.“[1]

[1] Österreichische Nationalbibliothek, https://anno.onb.ac.at/cgi-content/anno?aid=okf&datum=18270730&seite=6&zoom=33, abgerufen am 8.5. 2024.

T. Meitinger, *Fahrzeuge. Hightech in Patenten*,
https://doi.org/10.1007/978-3-662-70137-9_5

5.1.2 Francis Pettit Smith

Francis Pettit Smith, geboren am 9. Februar 1808 und gestorben am 12. Februar 1874, entwickelte unabhängig von Josef Ressel ebenfalls den Schiffspropeller. Smith erhielt am 12. November 1841 sein Patent GB 2353 für seinen Schiffsantrieb.

Der Hauptanspruch des Patents lautet:

„*The arranging, or placing, of a screw propeller, in the dead wood, or dead rising, of a vessel the thread of which screw should make one entire revolution, or nearly so, upon its shaft; which thread may be in one continuous piece, or it may be divided into two parts, each making one half turn, or revolution, around the shaft; or be otherwise modified, while it is made to operate in the dead wood, substantially in the manner herein fully made known and described.*“[2]

Smith beschreibt in dem Anspruch seines Patents die Schiffsschraube, die am „Holz des Schiffes angeordnet ist“.

Die Abb. 5.1 zeigt eine Seitenansicht des erfindungsgemäßen Schiffes mit der Welle B an der die schraubenförmige Ausgestaltung A, die Schiffsschraube, angeordnet ist. Die Welle B wird von einer Dampfmaschine im Rumpf des Schiffes angetrieben.

Die Abb. 5.2 zeigt das Heck des erfindungsgemäßen Schiffes mit der Schiffsschraube A, die auf der Welle B befestigt ist.

5.1.3 Henrietta Vansittart

Für Henrietta Vansittart war es eine Familientradition, Fortbewegungsmöglichkeiten für Schiffe zu konstruieren. Bereits der Vater von Henrietta Vansittart entwickelte Schraubenpropeller. In seinem Patent GB 7599, das 1838 erteilt wurde, beschreibt der Vater von Henrietta Vansittart einen Schiffsantrieb mit Propellern.

Henrietta Vansittart entwickelte den Schraubenpropeller ihres Vaters fort und erhielt eigene Patente. Ihre Schraubenpropeller waren schneller und vibrationsärmer und wiesen im Rückwärtsgang Vorteile auf. Insbesondere wiesen die Blätter ihrer Schiffsschraube gebogene statt gerade Blätter auf.

Der Hauptanspruch ihres Patents US 89712 A, das am 4. Mai 1869 erteilt wurde, lautet:

„*The method of determining the form or inclination, of the outer edges of the blades of a screw-propeller, relative to the form or speed of the vessel to which it is attached, as herein described.*“[3]

---

[2] DPMA, https://depatisnet.dpma.de/DepatisNet/depatisnet?action=pdf&docid=US000000002353A, abgerufen am 9.5.2024.

[3] DPMA, https://depatisnet.dpma.de/DepatisNet/depatisnet?action=pdf&docid=US000000089712A, abgerufen am 9.7.2024.

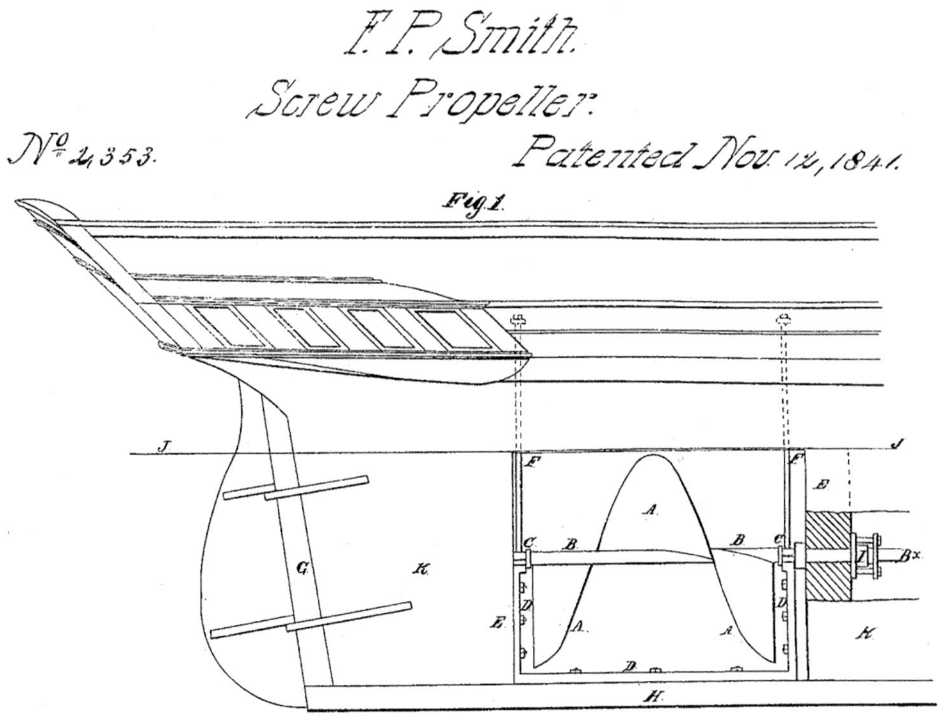

Abb. 5.1 Fig. 1 der US2353A

Der Anspruch verdeutlicht, dass Henrietta Vansittart die Ausformung der Propellerflügel als einen wichtigen Aspekt der Konstruktion eines Schiffsantriebs erachtete.

Die Abb. 5.3 zeigt den erfindungsgemäßen Schiffspropeller.

5.2 U-Boot: Wilhelm Bauer

Wilhelm Bauer ist der Erfinder des U-Boots. Im Hauptanspruch seines Patents GB 590 beschreibt er den wesentlichen Kern seiner Erfindung: *„Firstly, with reference to Sheet 1 of Drawings, Figs. 1, 2, 3, & 4, the combination of mechanism, by means of which the diving bell can be propelled forward, caused to turn about its vertical axis, steered, and, if required, anchored.“*[4]

In dem Anspruch wird eine Taucherglocke offenbart, die manövrierbar ist. Damit beschreibt Wilhelm Bauer das erste manövrierbare Unterwasserfahrzeug der Geschichte.

[4] DPMA, https://www.dpma.de/docs/dpma/veroeffentlichungen/meilensteine/2023/psgb590.pdf, abgerufen am 9.5.2024.

Fig. 2.

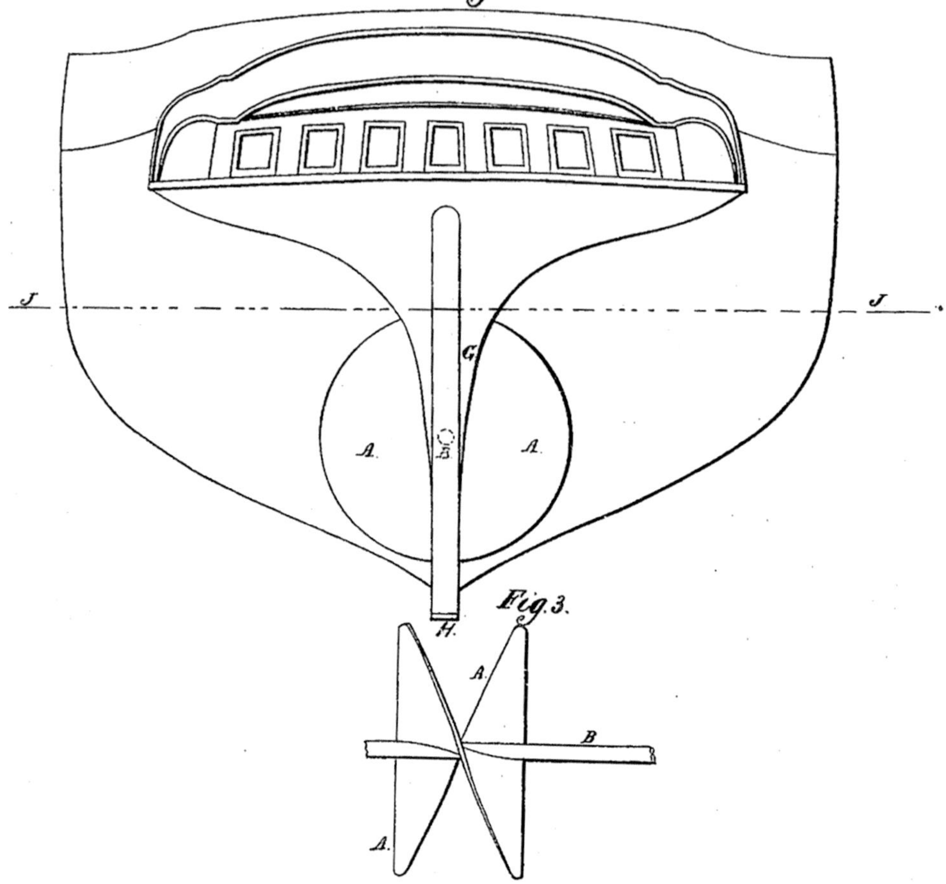

Abb. 5.2 Fig. 2 der US2353A

5.3 Echolot: Alexander Behm

Alexander Behm ist der Erfinder des Echolots, mit dem insbesondere die Wassertiefen für eine sichere Schifffahrt ermittelt werden. In seinem Patent DE 310690 A, das am 7. Januar 1916 erteilt wurde, beschreibt er seine Erfindung.

Der Hauptanspruch lautet:

1. *„Anordnung zur Bestimmung von Meerestiefen und sonstigen Entfernungen unter Wasser mit Hilfe reflektierter Schallwellen, bei der die Zeitdauer zwischen Abgabe des Schallsignals und Ankunft des Echos die Entfernung erkennen läßt, dadurch gekennzeichnet, daß ein in an sich bekannter Weise durch die Schallwellen in Schwingungen versetzter Empfänger gegen den Geber in der Weise abgeschirmt ist, daß er von der vom Geber ausgesandten früher anlangenden. Schallwellengruppe auf dem*

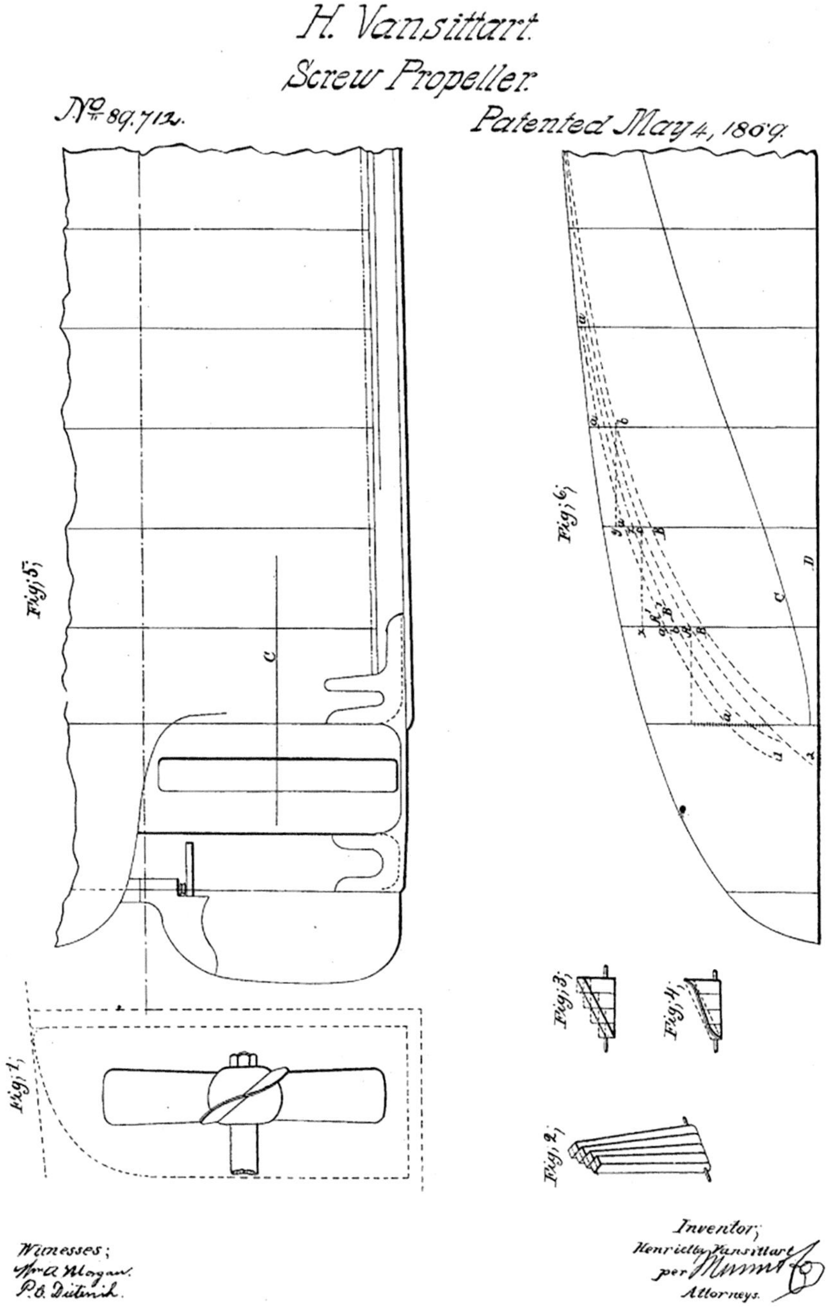

Abb. 5.3 Fig. 1 bis 6 der US89712A

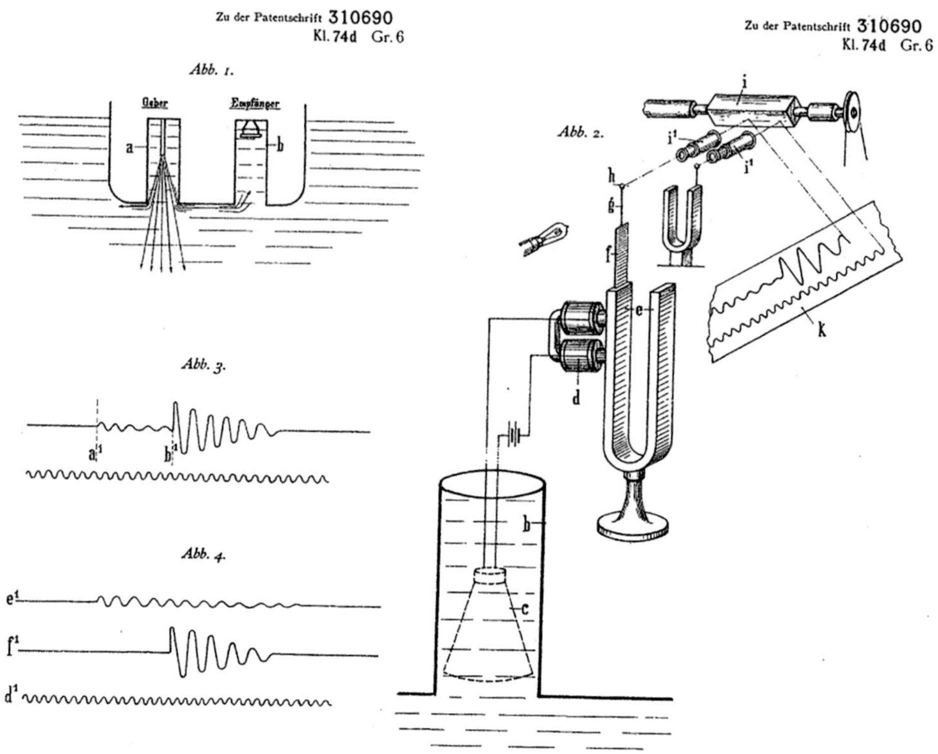

Abb. 5.4 Figuren der DE310690

direkten Wege (durch Leitung) schwächer beeinflußt wird als von der durch Reflexion von dem Ziel (Meeresboden, fremder Schiffskörper) und daher später zu ihm gelangenden Schallwellengruppe, und daß dann die Schwingungen des Empfängers mindestens vom Augenblick der ersten Erregung des Empfängers ab auf optischem oder anderem Wege aufgezeichnet werden."[5]

In dem Anspruch wird bereits beschrieben, dass die Laufzeit einer Schallwelle als Grundlage zur Messung einer Distanz genutzt wird. Außerdem wird beschrieben, dass die Auswertung durch eine Differenzbildung erfolgt.

Die Abb. 5.4 zeigt in der Abb. 1 einen Geber a, der ein Schallsignal abgibt und einen Empfänger b, der Schallsignale empfängt. Der Empfänger b wird von dem Geber a ein Schallsignal erhalten, das direkt zu ihm gewandert ist und ein Schallsignal, das vom Meeresboden reflektiert wurde. Anhand der Differenz der Laufzeiten der beiden Signale kann der Abstand des Schiffsrumpfs zum Meeresboden ermittelt werden. Bei der Abb. 3 ist mit a´ das Aussenden des Schalls gekennzeichnet und mit b´ das Empfangen des re-

[5] DPMA, https://depatisnet.dpma.de/DepatisNet/depatisnet?action=pdf&docid=DE00000310690A, abgerufen am 9.7.2024.

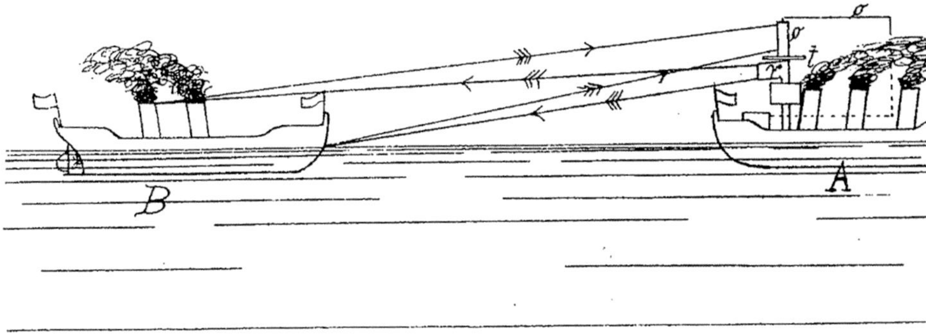

Abb. 5.5 Fig. 1 der DE165546

flektierten Signals. Der Abstand a´ zu b´ entspricht daher dem Doppelten des Abstands zum Meeresgrund.

5.4 Radar: Christian Hülsmeyer

Christian Hülsmeyer ist der Erfinder des Radars. In seinem Patent DE 165546, das am 30. April 1904 erteilt wurde, offenbart er seine Erfindung.

Der Hauptanspruch seines Patents lautet:

1. „*Verfahren, um entfernte metallische Gegenstände mittels elektrischer Wellen einem Beobachter zu melden, dadurch gekennzeichnet, daß die von dem Geber des Beobachters ausgesandten elektrischen Wellen dazu benutzt werden, den an demselben Ort empfindlichen Empfänger zu beeinflussen, indem dieselben von dem entfernten metallischen Gegenstande reflektiert und zu dem in einem Hohlschirm angeordneten oder auf dem Schiffe in den Hanfseilen isoliert eingeflochtenen und die Takelage bildenden Antennensystem gelangen können und so den auf der Kommandobrücke befindlichen Kohärer bezw. Signalapparat beeinflussen.*“[6]

Das Radar verwendet im Gegensatz zum Echolot nicht Schallwellen, sondern elektromagnetische Wellen zur Abstandsmessung. Ein Geber sendet die elektromagnetischen Wellen aus und ein Empfänger empfängt die reflektierten Wellen. Die Laufzeit entspricht dem Doppelten des Abstands zum reflektierenden Objekt. Das reflektierende Objekt ist vorzugsweise aus Metall, beispielsweise eine Schiffswand.

Die Abb. 5.5 zeigt einen Dampfer A, der das Schiff B mittels Radar-Technologie erkennt.

[6] DPMA, https://depatisnet.dpma.de/DepatisNet/depatisnet?action=pdf&docid=DE000000165546A&xxxfull=1, abgerufen am 9.5.20024.

Die Abb. 5.6 zeigt die Vorrichtung zur Erzeugung und zum Empfang von elektromagnetischen Wellen. Die Sendevorrichtung l und die Empfangsvorrichtung o sind in einer kardanischen Aufhängung gelagert. Die Sende- und Empfangsvorrichtungen l und o sind daher an zwei zueinander rechtwinkligen Drehlagern gelagert, wodurch eine Neigung des Schiffs keine Auswirkung auf die Ausrichtung der Sende- und Empfangsvorrichtungen hat.

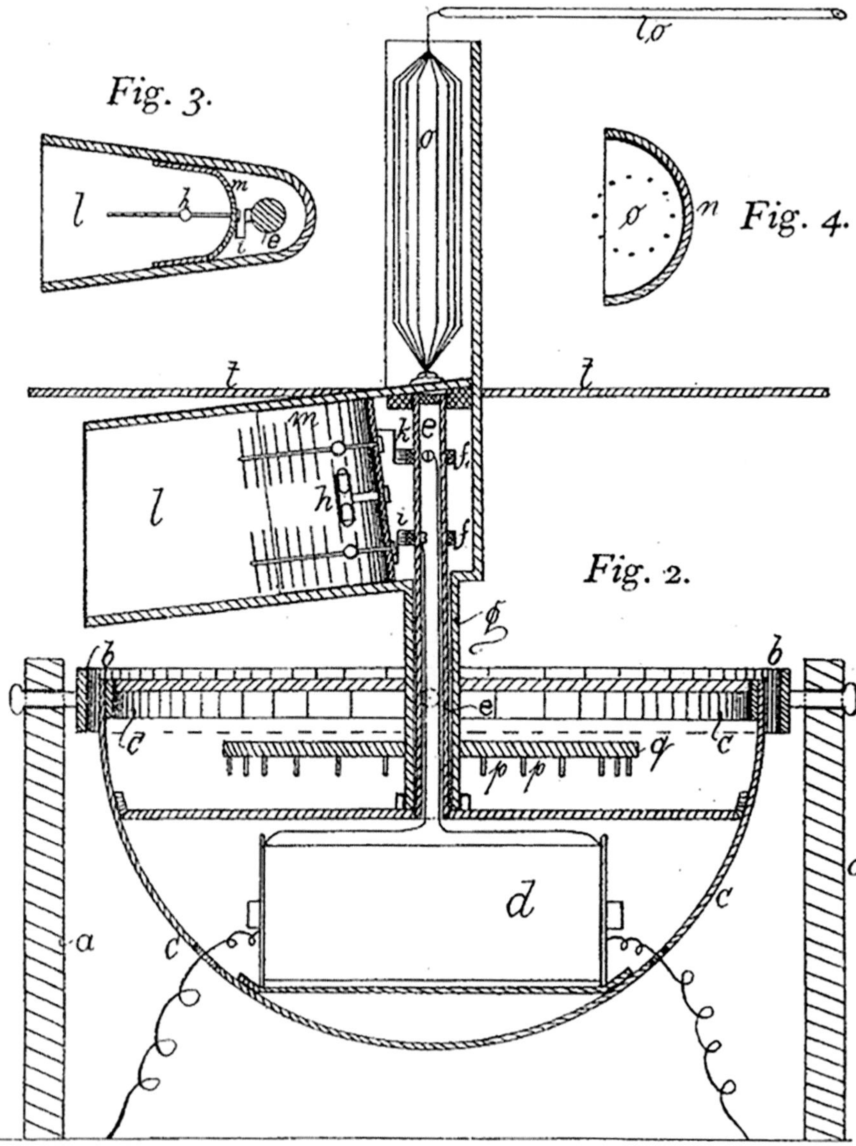

Abb. 5.6 Fig. 2 bis 4 der DE165546

Flugzeuge

6

Ein Flugzeug ist ein Fahrzeug der Lüfte, das durch einen Motor eine Vorwärtsbewegung erzeugt und damit Auftrieb erhält und fliegen kann. Hierzu weist es nicht-rotierende Auftriebsflächen auf. Ein Hubschrauber, dessen Auftriebsflächen rotieren, und ein Segelfluggerät, das keinen Motor hat, sind daher im strengen Sinne keine Flugzeuge.

6.1 „Normal-Segelapparat": Otto Lilienthal

Otto Lilienthal ist ein weltberühmter Flugzeugpionier, der in seinem Patent DE 77916 das erste in Serie gebaute Fluggerät, ein Segelflugzeug, beschrieben hat.

Der Hauptanspruch lautet:

1. *„Ein Flugapparat, dessen Flügelrippen (e e ...) mit den behufs Aufnahme der Unterarme des fliegenden gekreuzten Flügelrippenträgern (b b) durch Drähte (i) derartig verbunden sind, dafs ein umgekehrtes Hängewerk gebildet wird, wobei die Flügelrippen (e e ...) zusammenlegbar eingerichtet sein können."*[1]

Die Abb. 6.1 zeigt das in Serie gebaute Fluggerät des Otto Lilienthal.

Otto Lilienthal war auch auf anderen Gebieten ein begnadeter Ingenieur. Lilienthal entwickelte eine „Schräm-Maschine mit Messerscheibe", die am 20 Oktober 1877 zum Patent DE 2291 erteilt wurde und den Abbau von Kohle erleichterte. In seinem Patent DE 2291 beschreibt er die Erfindung.[2]

[1] DPMA, https://depatisnet.dpma.de/DepatisNet/depatisnet?action=pdf&docid=DE000000077916A&xxxfull=1, abgerufen am 25.4.2024.

[2] DPMA,https://depatisnet.dpma.de/DepatisNet/depatisnet?action=pdf&docid=DE000000002291A, abgerufen am 15.7.2024.

T. Meitinger, *Fahrzeuge. Hightech in Patenten,*
https://doi.org/10.1007/978-3-662-70137-9_6

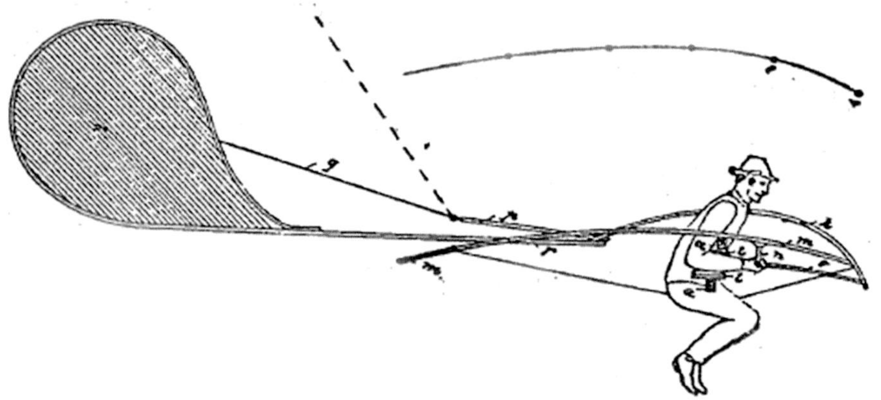

Abb. 6.1 Fig. 2 und 3 der DE77916

Die Abb. 6.2 zeigt die Vorrichtung zur Abtragung von Steinkohle, wobei auf einem Rad A Zähne a und b die Kohle herausschneiden und die Zähne c und d nur zum Herausschieben der abgeschnittenen Kohlestücke dienen. Es findet dabei eine effiziente Arbeitsteilung der unterschiedlichen Zähne statt. Durch die Arbeitsteilung können die jeweiligen Zähne für ihre spezielle Aufgabe, Schneiden oder Ausräumen, optimal angepasst werden, wodurch die Maschine effizienter arbeiten kann.

6.2 Die ersten Motorflieger

Offiziell gelten die Gebrüder Wright als die ersten Menschen, die einen Flug mit einem motorisierten Flugzeug unternommen haben. Es gibt allerdings Stimmen, die diese Pionierleistung dem Neuseeländer Richard Pearse bzw. dem Deutschen Gustav Weißkopf zusprechen.

6.2.1 Orville und Wilbur Wright

Die Gebrüder Wright entwickelten die erste Drei-Achsen-Steuerung mit dem Höhenruder, dem Seitenruder und dem Querruder, womit ein Fluggerät um seine drei Achsen gesteuert werden kann. Mit dem Höhenruder kann der Bug des Flugzeugs angehoben oder gesenkt werden. Mit dem Seitenruder ist eine Bewegung nach rechts oder links möglich. Das Querruder erlaubt eine Neigung um die Längsachse des Flugzeugs, wodurch eine Kurve geflogen werden kann. Die Drei-Achsen-Steuerung der Gebrüder Wright wird noch heute nahezu unverändert für Flugzeuge eingesetzt. Ihre Erfindung haben sie in dem Patent US 821393 beschrieben, das am 22. Mai 1906 erteilt wurde.

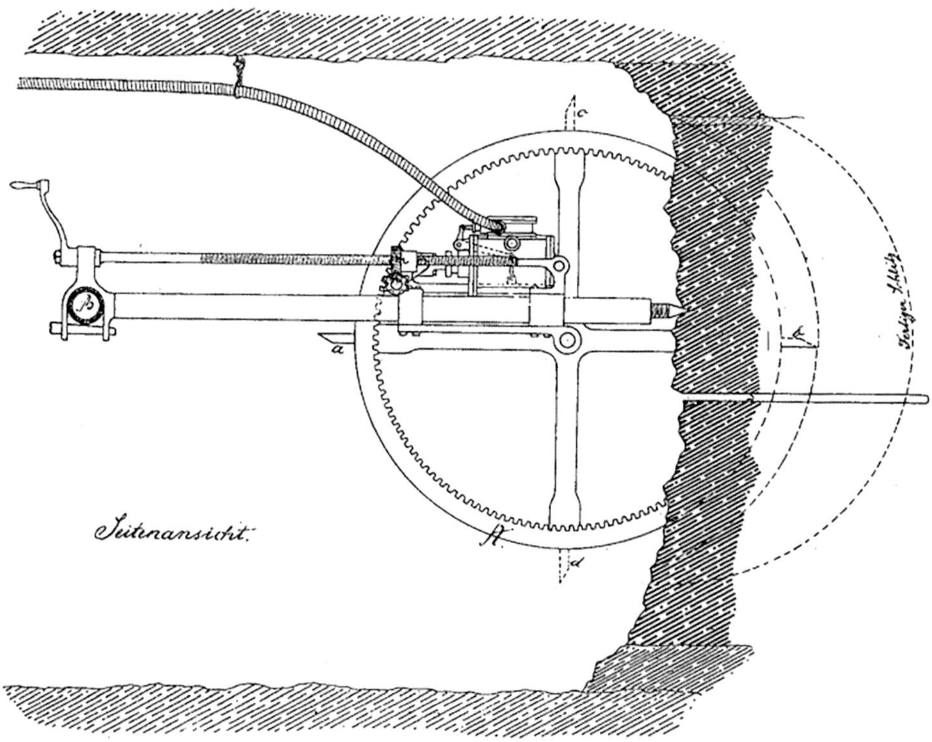

Abb. 6.2 Figur der DE2291

Der Hauptanspruch des Patents der Brüder Orville und Wilbur Wright lautet:

1. „*In a flying-machine, a normally flat aeroplane having lateral marginal portions capable of movement to different positions above or below the normal plane of the body of the aeroplane, such movement being about an axis transverse to the line of flight, whereby said lateral marginal portions may be moved to different angles relatively to the normal plane of the body of the aeroplane, so as to present to the atmosphere different angles of incidence, and means for so moving said lateral marginal portions, substantially as described.*"[3]

In dem Anspruch werden die Bewegungsmöglichkeiten des Flugzeugs um seine Achsen beschrieben, die durch die Erfindung der Gebrüder Wright ermöglicht werden.
Die Abb. 6.3 zeigt das Fluggerät in einer perspektivischen Darstellung mit dem Seitenruder 22 und dem Höhenruder 31.

[3] DPMA, https://depatisnet.dpma.de/DepatisNet/depatisnet?action=pdf&docid=US000000821393A&xxxfull=1, abgerufen am 25.4.2024.

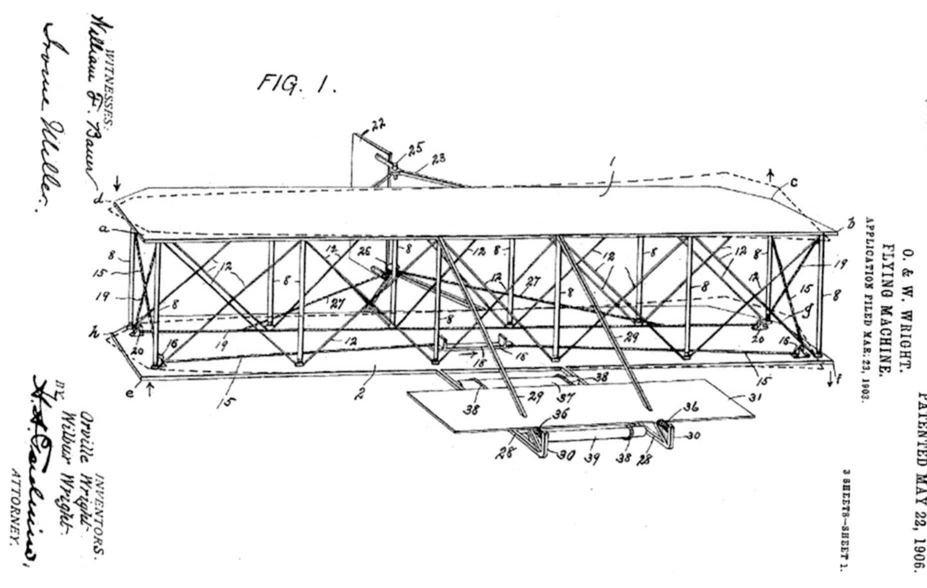

Abb. 6.3 Fig. 1 der US821393

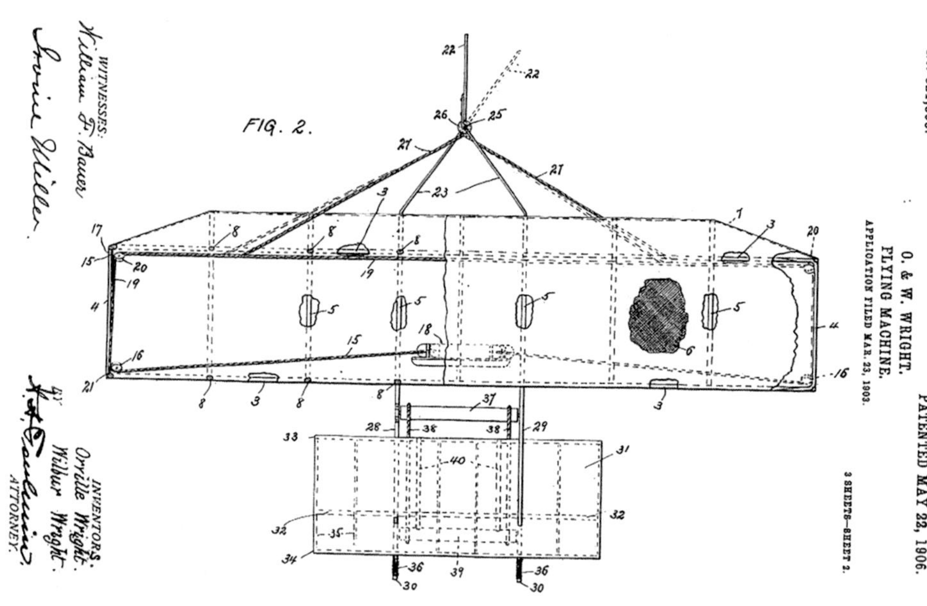

Abb. 6.4 Fig. 2 der US821393

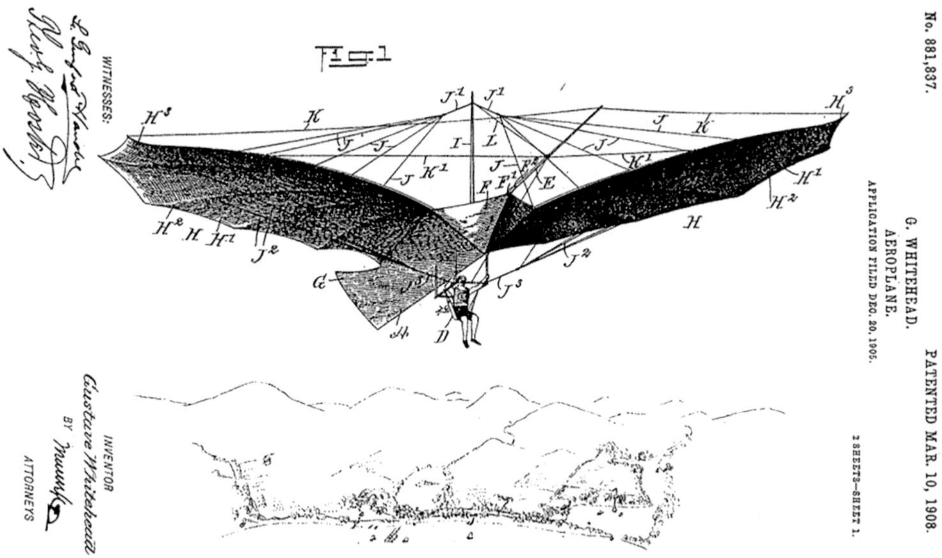

Abb. 6.5 Fig. 1 der US881837

Die Abb. 6.4 zeigt das Fluggerät der Gebrüder Wright in einer Ansicht von oben, wobei das Seitenruder 22 in zwei Positionen dargestellt ist.

6.2.2 Gustav Weißkopf

Gustav Weißkopf war ein wegweisender Flugzeugpionier, der sich mit Gleitfliegern beschäftigte, bevor er sich dem motorisierten Flug zuwandte. In dem Patent US 881837, das am 10. März 1908 erteilt wurde, beschreibt er sein Segelfluggerät.

Der Hauptanspruch lautet:

„*1. An aeroplane provided with a troughlike body terminating in a head and having the rear portions of its sides extended upwardly and outwardly, to form a tail.*"[4]

In dem Anspruch wird ein wannenförmiger Körper eines Flugzeugs beschrieben, wobei der Körper einen „Kopf" aufweist und die hinteren Teile des Flugzeugs nach oben und nach außen erweitert sind. Der Gleitflieger des Gustav Weißkopf ahmt die Kontur eines Vogels mit ausgetreckten Flügeln nach.

Die Abb. 6.5 zeigt deutlich die Anlehnung der Flugmaschinen des Gustav Weißkopf an die Vogelwelt.

Die Abb. 6.6 zeigt das Fluggerät in einer Ansicht von oben und von vorne.

[4] DPMA, https://depatisnet.dpma.de/DepatisNet/depatisnet?action=pdf&docid=US000000881837A, abgerufen am 23.6.2024.

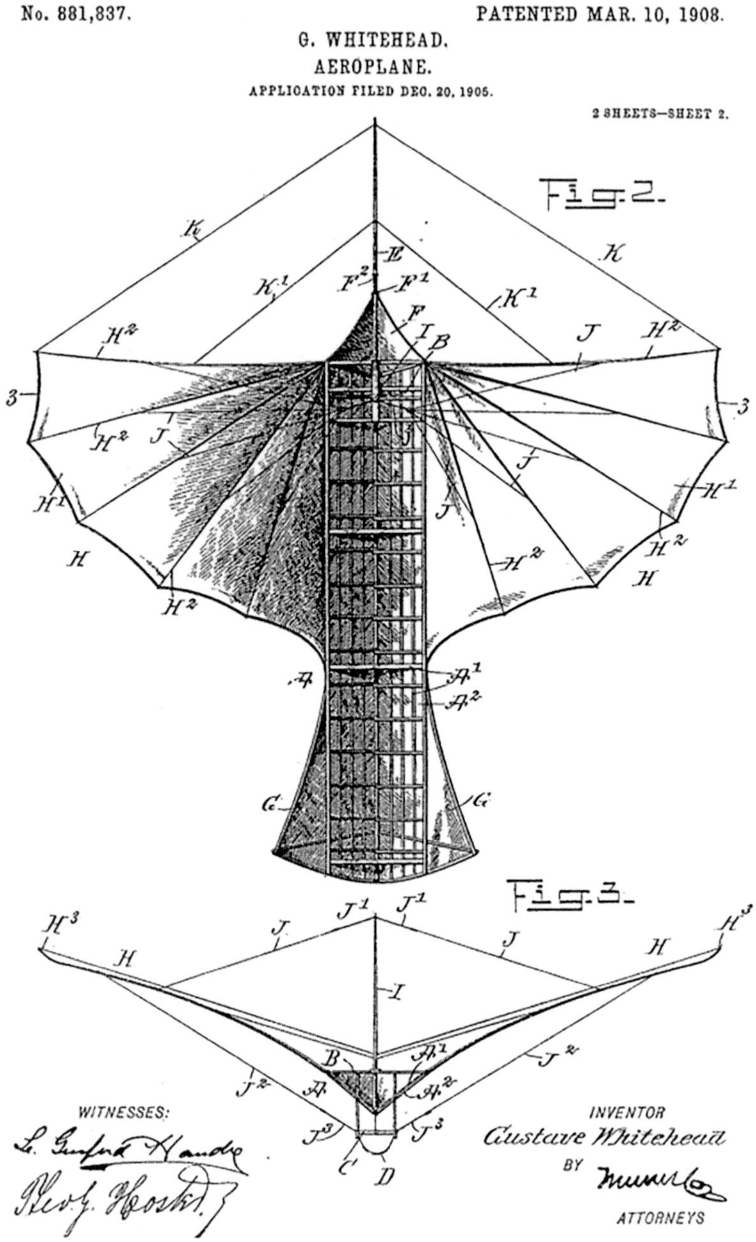

Abb. 6.6 Fig. 2 und 3 der US881837

6.3 Zerlegbares Flugzeug: Melli Beese

Melli Beese (Amelie Hedwig Boutard-Beese), geboren am 13. September 1886 und gestorben am 21. Dezember 1925, war eine deutsche Pilotin und Unternehmerin. In Ihrem Patent DE 278879 A, das am 24. November 1912 erteilt wurde, beschreibt sie ein zerlegbares Flugzeug.

Der Hauptanspruch des Patents lautet:

„Zerlegbares Flugzeug, dadurch gekennzeichnet, daß die Streben und der dieselben verbindende Holm des Brückenträgers eines Eindeckers an die Tragfläche heranklappbar sind, zur Verringerung der Flugzeughöhe neben der Breite beim Transport.“[5]

Die Erfindung der Melli Beese hatte ein Flugzeug zum Ziel, das leicht zu transportieren war, insbesondere dadurch dass die herausragenden Tragflächen einklappbar ausgebildet waren. Die Höhe und die Breite des Flugzeugs konnten dadurch für den Transport erheblich verringert werden.

Die Abb. 6.7 zeigt oben einen Tragflügel im nicht zusammengeklappten Zustand und darunter einen Tragflügel im zusammengeklappten Zustand. In den Figuren ist die Tragfläche 1 mit den Enden 2 dargestellt, die von Streben 3 und dem Verwindungsturm mit Spanndrähten 4 gehalten wird. Die Verspannung wird erfindungsgemäß gelöst, um dann wie in Fig. 2 gezeigt eine kompakte Form des Flugzeugs zu erhalten.

6.4 Fallschirm: Käthe Paulus

Käthe Paulus beschreibt in ihrem Patent AT 79731, das am 13. November 1916 beim Patentamt eingereicht wurde, eine „Einrichtung zum Anbringen von Fallschirmen an Luftfahrzeugen“ (Titel der Patentschrift). Im Wesentlichen entwickelte Käthe Paulus eine geeignete Methode des Zusammenfaltens eines Fallschirms und der Befestigung des Fallschirms am Flugzeug, sodass sich der Fallschirm beim Verlassen des Flugzeugs sicher entfalten konnte.

Der Hauptanspruch lautet:

1. *„Einrichtung zum Anbringen von Fallschirmen an Luftfahrzeugen in verwendungsbereitem Zustand, dadurch gekennzeichnet, dass eine mit ihrem Bodenteile am Luftfahrzeuge aufgehängte sackartige Hülle, die das Fallschirmtuch allein umschließt, gemeinsam zusammengerollt ist mit den an einer ihrer Außenseiten verlegten, zu Bündeln zusammengefassten Tragschnüren, die durch Zwischenlagen von Tuch oder Papier voneinander getrennt gehalten werden, und dass diese Rolle in einer oben und unten offenen dehnbaren Hülle steckt, die gemeinsam mit dem Sacke am Luftfahrzeuge hängt und daran beim Auslösen des Fallschirms hängen bleibt.“*[6]

[5] DPMA, https://depatisnet.dpma.de/DepatisNet/depatisnet?action=pdf&docid=DE000000278879A&xxxfull=1, abgerufen am 25.4.2024.

[6] DPMA, https://depatisnet.dpma.de/DepatisNet/depatisnet?action=pdf&docid=AT000000079731B, abgerufen am 22.6.2024.

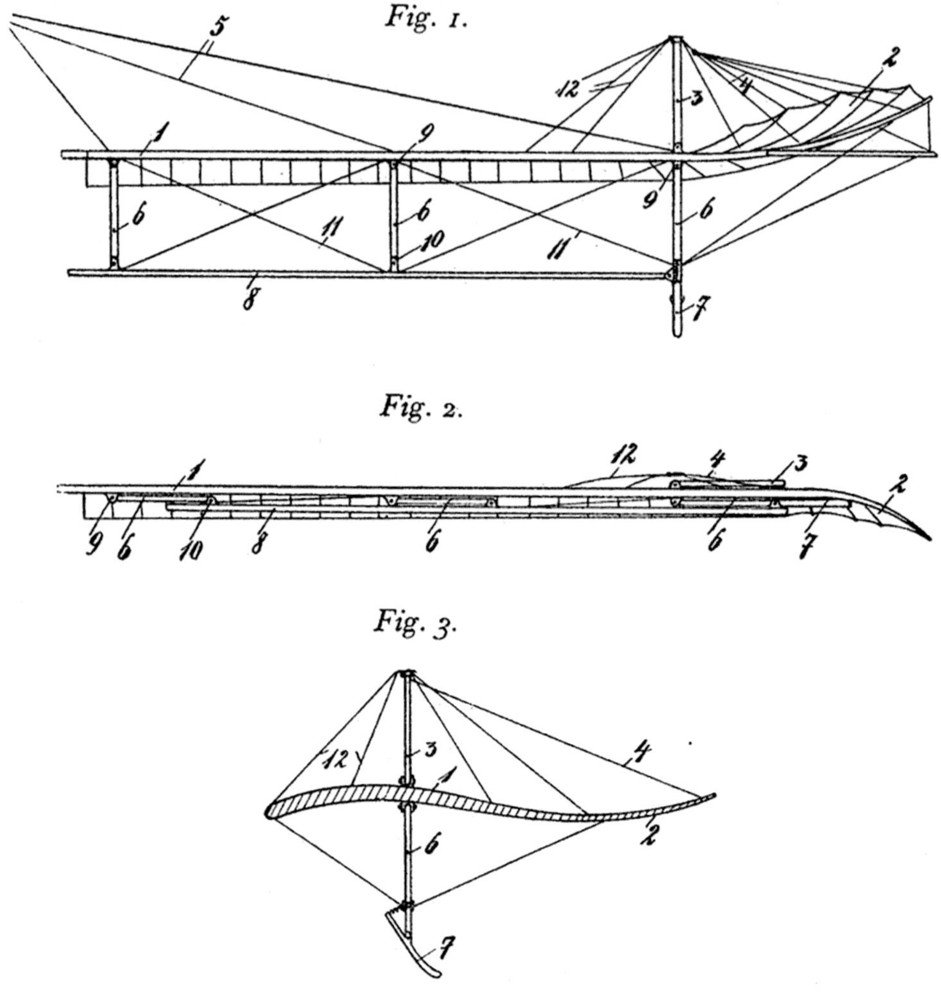

Abb. 6.7 Fig. 1 bis 3 der DE278879

Der Hauptanspruch beschreibt, dass der Fallschirm ziehharmonikamäßig in einer Hülle steckt, wobei die Hülle am Flugzeug befestigt ist. Verlässt der Pilot sein Flugzeug mit umgeschnalltem Fallschirm, bleibt die Hülle an dem Flugzeug hängen und gibt den Fallschirm frei, der sich entfalten kann.

Die Abb. 6.8 zeigt das Fallschirmtuch a und eine Leine b, die mittig angeordnet ist. Außerdem gibt es Leinen o, um den Fallschirm aus dem Sack d in geordneter Form herauszuziehen. Der Sack d ist an dem Flugzeug befestigt, sodass der Fallschirmspringer allein durch sein Gewicht den Fallschirm a aus dem Sack d herauszieht und zur Entfaltung bringt.

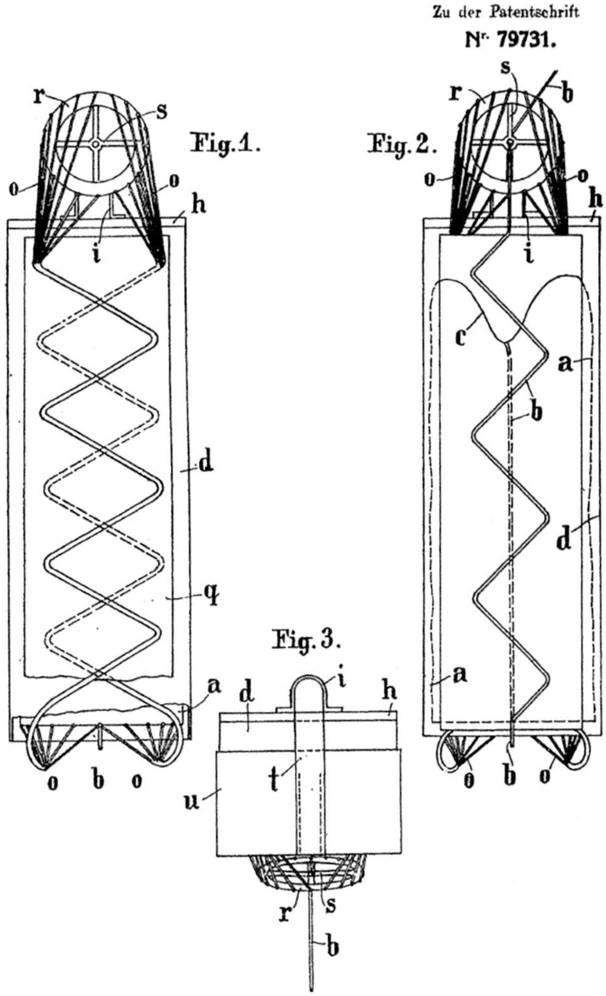

Abb. 6.8 Fig. 1 bis 3 der AT79731

6.5 Hubschrauber: Engelbert Zaschka

Engelbert Zaschka ist der Erfinder des Hubschraubers. In seiner Patentschrift CH 130069, die am 15. November 1928 zum Patent geführt hat, beschreibt er seine Erfindung.

Der Hauptanspruch lautet:

„Hubschrauberflugzeug mit rotierenden Tragflächen, gekennzeichnet durch eine mit den rotierenden Tragflächen verbundene, rotierende Schwungmasse.“[7]

[7] DPMA, https://depatisnet.dpma.de/DepatisNet/depatisnet?action=pdf&docid=CH000000130069 A&xxxfull=1.

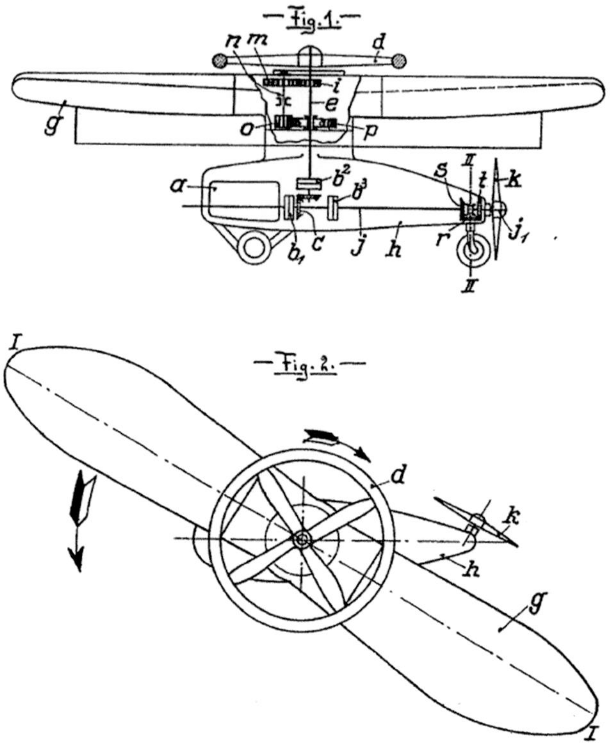

Abb. 6.9 Fig. 1 und 2 der CH130069

Eine zu den rotierenden Tragflächen gegenläufige Schwungmasse ist beim Hubschrauber von Zaschka erforderlich. Andernfalls würde das Cockpit rotieren und der Pilot nicht mehr zur Steuerung des Hubschraubers fähig sein. Heutige Hubschrauber weisen keine gegenläufige Schwungmasse auf, sondern besitzen einen Heckrotor, der für eine Stabilisierung des Cockpits sorgt.

Die Abb. 6.9 zeigt den Hubschrauber mit den Tragflächen g und der gegenläufigen Schwungmasse d. Zur Vorwärtsbewegung und Steuerung des Hubschraubers ist der Heckrotor k angeordnet, der schwenkbar ausgebildet ist. Zum Aufsteigen des Hubschraubers können die Tragflächen g angestellt, also schräg gestellt, werden. Die Fig. 2 zeigt, dass die Tragflächen g und die Schwungmasse d gegenläufig rotieren, damit das Cockpit des Hubschraubers stabil bleibt und nicht selbst anfängt zu rotieren.

Die Abb. 6.10 zeigt einen modernen Hubschrauber, der keine Schwungmasse benötigt, sondern durch einen Heckrotor in seiner stabilen Lage gehalten wird.

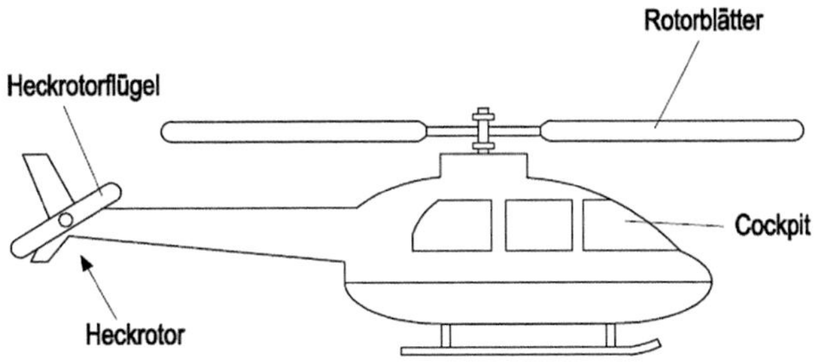

Abb. 6.10 Hubschrauber mit Heckrotor

6.6 Düsenflugzeug

Ein Düsenflugzeug weist ein Strahltriebwerk auf. Ein Strahltriebwerk besteht aus einem Laufrad, einem Verdichter, einer Brennkammer, einer Turbine und einer Schubdüse. Ein Strahltriebwerk funktioniert, indem zunächst einströmende Luft von dem Laufrad verdichtet und danach in der Brennkammer mit einem Treibstoff, insbesondere Kerosin, angereichert und entzündet wird. Das expandierende Luft-Treibstoffgemisch wird durch die Turbine und die Schubdüse in einer Weise nach außen geleitet, dass ein Vorwärtsschub entsteht. Ein Düsenantrieb beruht daher auf dem Rückstoßprinzip, bei dem Gas nach hinten geschleudert wird und dadurch auf das Flugzeug ein Impuls nach vorne erzeugt wird.

6.6.1 Albert Fonó

Albert Fonó war ein ungarischer Flugzeugpionier, der am 2. Juli 1881 geboren wurde. Albert Fonó beschreibt seinen Luftstrahlmotor in dem Dokument DE 554906 A, das am 26. Mai 1928 zum Patent erteilt wurde.

Der Hauptanspruch des Patents lautet:

1. *„Luftstrahlmotor für Hochflug für Luftfahrzeuge mit überkritischen, großen Geschwindigkeiten, bestehend aus einem in der Bewegungsrichtung liegenden Körper, welcher vorn eine Lufteintrittsöffnung, dahinter eine Verdichtungsdüse mit Brennstoffzufuhr und Zündung nahe der Stelle des höchsten Druckes und anschließend eine Ausdehnungsdüse besitzt, dadurch gekennzeichnet, daß der Querschnitt der Verdichtungsdüse sich in der Strömungsrichtung anfangs verjüngt."*[8]

Der Anspruch beschreibt den grundsätzlichen Aufbau eines Düsentriebwerks, das im Wesentlichen eine Röhre ist, die zunächst einen großen Durchmesser aufweist, damit Luft angesaugt werden kann, die verdichtet, mit Brennstoff angereichert und gezündet wird, wobei die Verbrennungsprodukte aus dem Triebwerk über einen Abschnitt mit grö-

[8] DPMA, https://depatisnet.dpma.de/DepatisNet/depatisnet?action=pdf&docid=DE000000554906A, abgerufen am 28.4.2024.

ßer werdendem Durchmesser ausgestoßen werden. Durch das Hinausschleudern der Verbrennungsprodukte nach hinten erhält das Flugzeug einen Impuls nach vorne.

Die Abb. 6.11 zeigt drei Varianten des Düsenantriebs, wobei mit dem Pfeil A die Flugrichtung bezeichnet ist. Die Luft tritt links in das Düsentriebwerk mit einer Geschwindigkeit v_1 ein, die in einem sich verjüngenden Abschnitt verdichtet wird, wobei an der Stelle B Brennstoff zugeführt wird. Nach der Zündung strömen die Verbrennungsprodukte nach rechts und verlassen das Triebwerk.

6.6.2 Maxime Guillaume

Maxime Guillaume, geboren am 3. Dezember 1881 und gestorben am 6. April 1962, war ein französischer Erfinder, der sich als erster Franzose mit einem Düsenantrieb für Flugzeuge beschäftigte. In dem Patent FR 534801 A wird sein Düsenantrieb beschrieben.

Die Abb. 6.12 zeigt Schaufeln b des Verdichters A, die zum Ansaugen und Verdichten der Luft dienen. Außerdem sind Schaufeln c der Turbine B dargestellt, die die Luft nach hinten ausstoßen. Zwischen dem Verdichter A und der Turbine B ist die Brennkammer f angeordnet. Die Brennkammer f wird von dem Benzinbehälter p befüllt.[9]

6.6.3 Hans-Joachim Pabst von Ohain

Hans-Joachim Pabst von Ohain, geboren am 14. Dezember 1911 und gestorben am 13. März 1998, erkannte das Problem, dass Propeller zum Antrieb eines Flugzeugs zu starken Vibrationen und großer Geräuschentwicklung neigen und suchte nach alternativen Antrieben für Flugzeuge. Von Ohain beschäftigte sich daher mit einem Düsenantrieb für Flugzeuge. Von Ohain entwickelte das erste effizient einsetzbare Düsenflugzeug mit einem Strahltriebwerk.

In dem Patent DE 767258, das am 12. September 1939 erteilt wurde, ist das Strahltriebwerk von von Ohain beschrieben. Der Hauptanspruch lautet:

1. *„Strahltriebwerk, bestehend aus einer Verdichteranlage, einer Verbrennungsanlage und einer Gasturbine, bei welchem lediglich ein Teil der verdichteten Arbeitsluft durch die Turbine strömt, dadurch gekennzeichnet, daß die Verdichteranlage aus zwei mechanisch gekuppelten Verdichtern (4, 5) besteht, von denen der eine an den Einlaß (2) des Strahltriebwerkes unmittelbar anschließende Verdichter (4) vorzugsweise als axial durchströmtes Gebläse ausgebildet ist und die gesamte wirksame Arbeitsluft verdichtet und der zweite, an den ersten anschließende Verdichter (5), lediglich den Teil der Arbeits-*

[9] https://depatisnet.dpma.de/DepatisNet/depatisnet?action=pdf&docid=FR000000534801A&xxxfull=1,abgerufen am 19.12.2024.

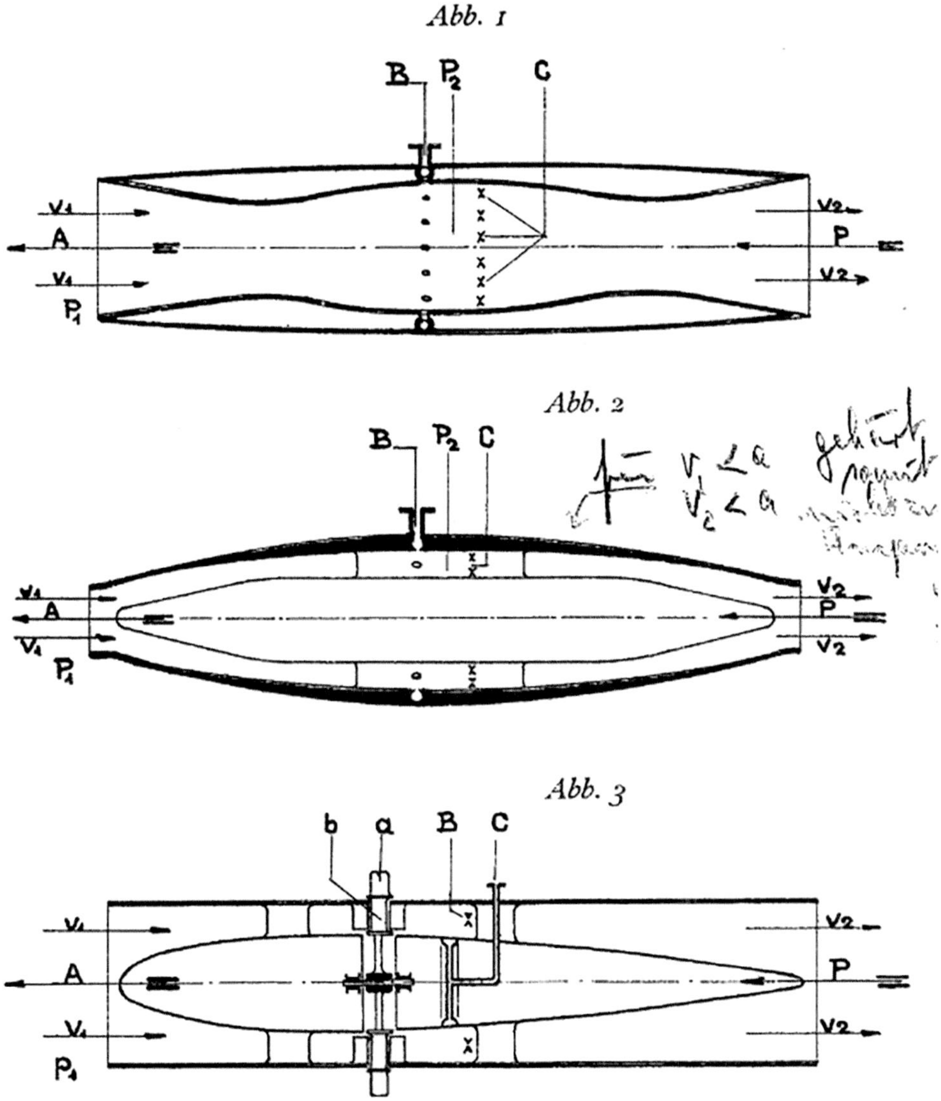

Abb. 6.11 Abb. 1 bis 3 der DE554906A

> *luft verdichtet, welcher durch die beide Verdichter gemeinsam antreibende Turbine (7) strömt.*“[10]

Die Abb. 6.13 zeigt oben ein Triebwerk, das in einem sich nach vorne und nach hinten verjüngendem Rohr 1 befindet. Im vorderen Abschnitt ist der Eintrittsbereich 2 und im hinteren Abschnitt die Austrittsdüse 3 angeordnet. Das Strahltriebwerk besteht aus dem

[10] DPMA, https://depatisnet.dpma.de/DepatisNet/depatisnet?action=pdf&docid=DE000000767258A, abgerufen am 20.6.2024.

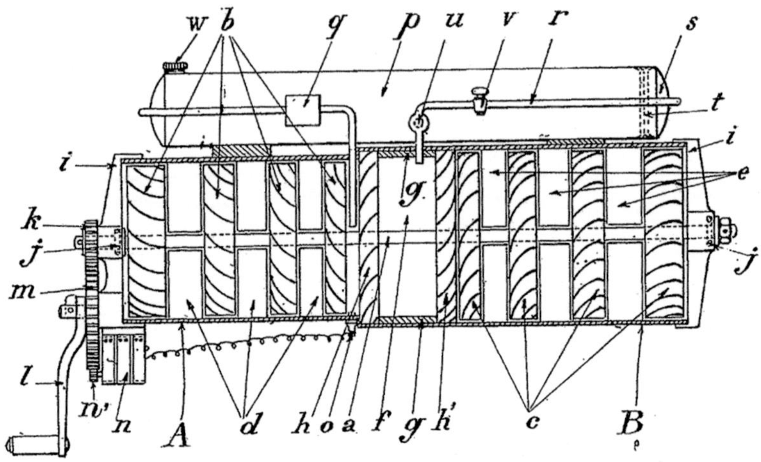

Abb. 6.12 Figur der FR534801A

Abb. 6.13 Abb. 1 und 2 der DE767258A

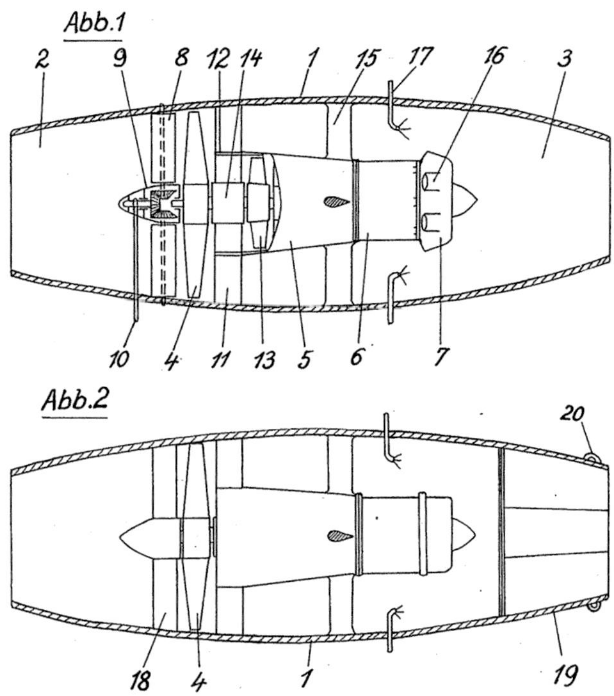

Verdichter 5, der Brennkammer 6 und der Turbine 7, deren Schaufeln durch das strömende Fluid angetrieben werden. Die zusätzlichen Brenner 17 steigern den Schub.

6.7 Raketenantrieb: Ludwig Bölkow

Ludwig Bölkow, geboren am 30. Juni 1912 und gestorben am 25. Juli 2003, befasste sich mit Raketenantriebe für Flugkörper. In seinem Patent DE 1024808, dessen Patentierung am 7. August 1958 veröffentlicht wurde, beschreibt er eine „Anordnung zweier Raketenantriebe für feste Brennstoffe zum Antrieb eines Flugkörpers unmittelbar hintereinander" (Titel der Patentschrift).

Das Patent beschreibt das Problem, dass ein raketenangetriebener Flugkörper zwei Flugphasen mit unterschiedlichen Schubanforderungen aufweist. Zum einen ist in der Startphase für eine kurze Zeitspanne ein hoher Schub notwendig, um die gewünschte Flughöhe zu erreichen. Anschließend ist über einen längeren Zeitraum ein geringer Schub erforderlich, um eine längere Flugstrecke zu überwinden und zum Ziel zu gelangen.

Der Hauptanspruch beschreibt die gefundene Lösung:

1. *„Anordnung zweier Raketentriebwerke für feste Brennstoffe zum Antrieb eines Flugkörpers unmittelbar hintereinander, dadurch gekennzeichnet, daß*
   - *das Beschleunigungstriebwerk in Flugrichtung vor dem Marschtriebwerk angeordnet ist und.*
   - *eine oder mehrere Schubdüsen des Beschieunigungstriebwerks am Marschtriebwerk vorbeiführend abgekröpft sind."*[11]

Die Lösung des Problems sieht daher so aus, dass der Flugkörper zwei separate Raketentriebwerke erhält, wobei das Triebwerk für die Startphase abgekröpft ist, und damit einen Ausstoß nach schräg unten erzeugt, um dadurch einen Schub nach oben zur Erreichung der gewünschten Flughöhe zu erhalten.

Die Abb. 6.14 zeigt den erfindungsgemäßen Antrieb eines Flugkörpers mit zwei Düsen, nämlich einer abgekröpften Schubdüse 2 zum Aufsteigen und einer geradlinig ausgeformten Schubdüse 4, um horizontal zum gewünschten Ziel zu fliegen. Die Schubdüse 2 wird von dem Beschleunigungstriebwerk 1 versorgt und die Schubdüse 4 von dem Triebwerk 3.

Die Abb. 6.15 zeigt das erfindungsgemäße Triebwerk in einem Flugkörper.

In seinem Patent DE 1027522, das am 28. Juli 1955 angemeldet wurde, präsentiert Bölkow eine Weiterentwicklung des dualen Antriebkonzepts für Flugkörper. In der Patentschrift kombiniert er eine Luftstrahlröhre und einen Raketenantrieb, wobei der Raketenantrieb für die Startphase vorgesehen ist.

---

[11] DPMA, https://depatisnet.dpma.de/DepatisNet/depatisnet?action=pdf&docid=DE000001024808B, abgerufen am 20.6.2024.

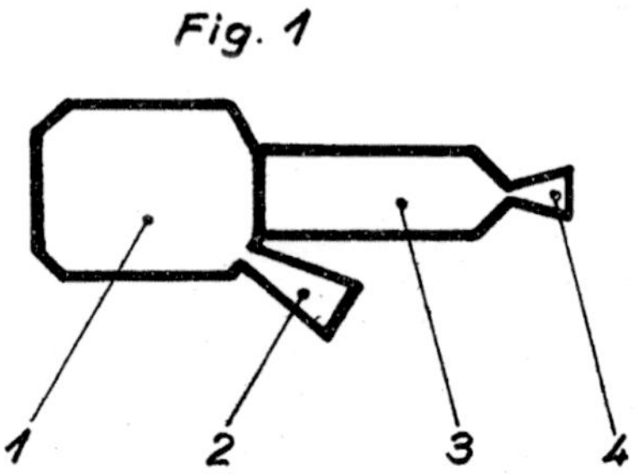

Abb. 6.14 Fig. 1 der DE1024808

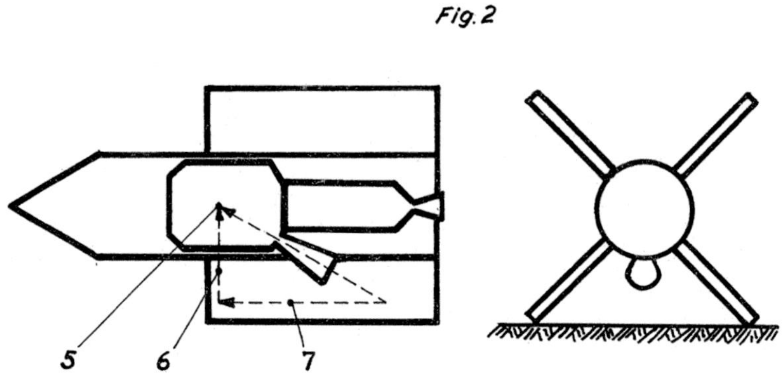

Abb. 6.15 Fig. 2 der DE1024808

Der Hauptanspruch der Patentschrift „Luftstrahlrohr mit Startrakete" lautet: *„1. Luftstrahlrohr mit in seinem Innern angeordneter freigebbarer Rakete, dadurch gekennzeichnet, daß die Rakete nach ihrem Brennschluß herausgeschossen wird.*"[12]

Der Anspruch beschreibt einen Flugkörper, der zwei unterschiedliche Antriebsarten aufweist. Zum einen hat der Flugkörper ein Düsentriebwerk, um horizontal fliegend große Distanzen zu überwinden. Zusätzlich weist der Flugkörper einen Raketenantrieb für den Start auf. Das Besondere an dieser Erfindung ist, dass nach dem Start der ausgebrannte Raketenantrieb abgestoßen werden kann, wodurch der Brennstoffverbrauch während der Reisezeit des Flugkörpers minimiert wird.

Die Abb. 6.16 zeigt das erfindungsgemäße zweigeteilte Triebwerk mit der Startrakete 4, die nach erfolgtem Start mit dem Brennstoff 8 aus dem Triebwerk herausgeschleudert wird. Beim Verlassen des Triebwerks saugt die Rakete 4 Luft an, die durch die Zündung 9 gezündet wird, womit der Düsenantrieb gestartet wird.

[12] DPMA, https://depatisnet.dpma.de/DepatisNet/depatisnet?action=pdf&docid=DE000001027522B, abgerufen am 20.6.2024.

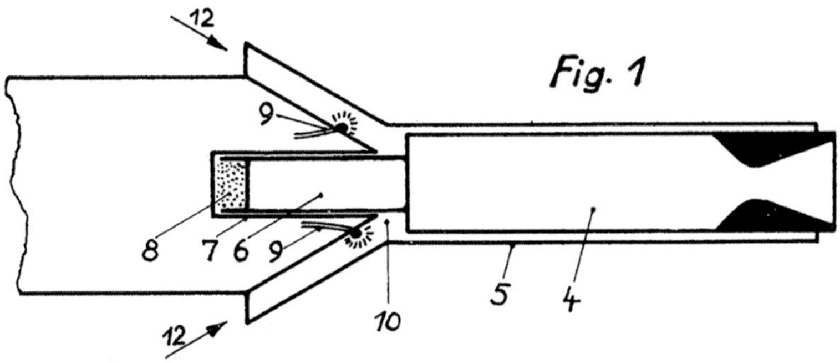

Abb. 6.16 Fig. 1 der DE1027522

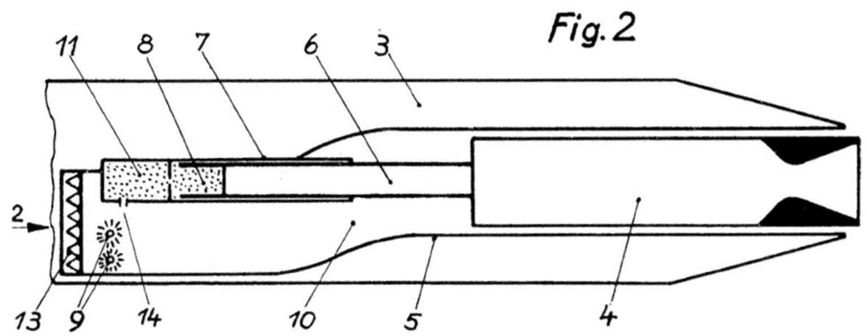

Abb. 6.17 Fig. 2 der DE1027522

Die Abb. 6.17 zeigt eine Alternative des Triebwerks mit einer gekröpften Bohrung 10, in der die Rakete 4 mit einer Verlängerung 6 in der Führung 7 gelagert ist. Nach Brennschluss wird die Rakete 4 mit dem Brennstoff 8 aus dem Triebwerk geschleudert. Der Brennstoff 11 führt zum Start der Verbrennung in der Brennkammer 10 des Düsenantriebs.

6.8 Global Positioning System: Karl Hans Janke

Karl Hans Janke gilt als der Vordenker des Global Positioning Systems GPS, mit dem mittels Satelliten eine Standortbestimmung durchgeführt werden kann. In seinem Patent DE 743758 A mit dem Titel „Standortanzeiger, insbesondere für Luftfahrzeuge", das am 11. Mai 1939 erteilt wurde, beschreibt er zwei Satelliten, die elektromagnetische Wellen aussenden, die zur Standortbestimmung genutzt werden.

Die Abb. 6.18 zeigt eine Vorrichtung zur Anzeige der geografischen Lage eines Fahrzeugs auf einer Landkarte. Hierbei werden hintereinander zwei Sendestationen, die unterschiedliche elektromagnetische Wellen aussenden, angepeilt. Die sich daraus er-

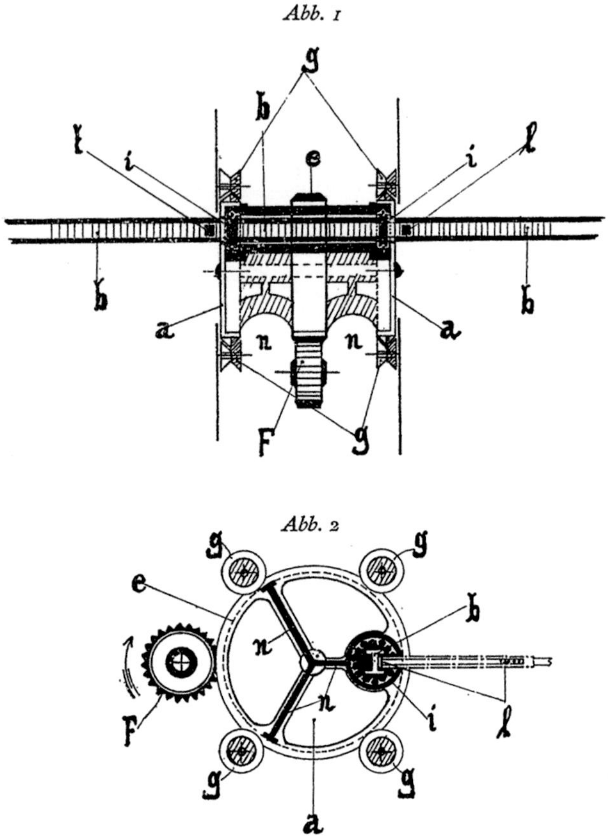

Abb. 6.18 Abb. 1 und 2 der DE734303

gebenden Peilungen werden auf einer Landkarte abgebildet, wodurch sich der eigene aktuelle Standort ergibt.[13]

6.9 Ultraschnelles Luftfahrzeug

Airbus arbeitet an einem Nachfolger der legendären Concorde, die mit Überschallgeschwindigkeit innerhalb weniger Stunden über den Atlantik fliegen konnte. Das Patent US 9,079,661 B2, das am 14. Juli 2015 erteilt wurde, beschreibt ein „ultraschnelles Luftfahrzeug".

Der Hauptanspruch des Patents lautet: „*1. An air vehicle including a fuselage (F), a gothic delta wing (A) distributed on either side of the fuselage, and a system of motors (TB1, TB2, ST1, ST2, Mf) able to propel the air vehicle, wherein: the fuselage contains*

[13] https://depatisnet.dpma.de/DepatisNet/depatisnet?action=pdf&docid=DE000000734303A&xxxfull=1, abgerufen am 19.12.2024.

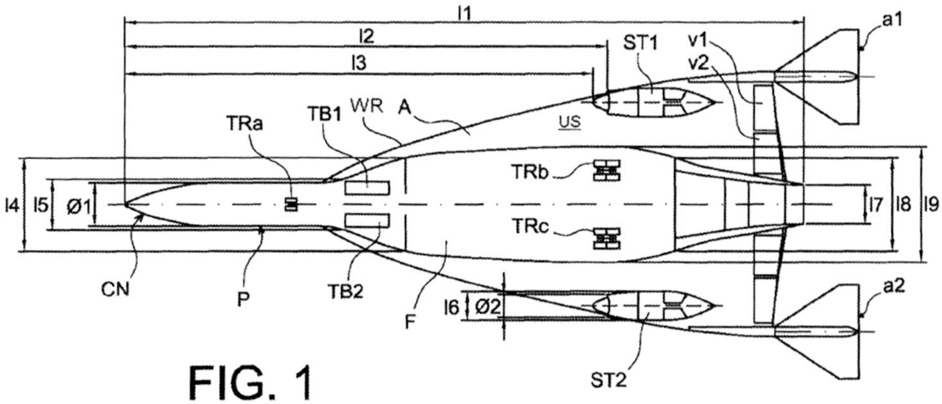

Abb. 6.19 Fig. 1 der US9079661B2

a tank (Rv) of hydrogen, wherein the hydrogen is liquid or in the state of slush, and one or more liquid oxygen tanks (RO1, RO2); the gothic delta wing (A) has a flat upper surface and a flat lower surface, and a wing root which starts roughly in an area where a forward part of the fuselage broadens; a fin (a1, a2) is attached to each outer end of the trailing edge of the delta wing using a cylindrical part the axis of which is parallel to a longitudinal axis of the fuselage, where each fin consists of two roughly identical trapezoid-shaped elements attached to the cylindrical part and located in the same plane, on either side of the cylindrical part, wherein each cylindrical part is able to rotate around its axis such that both trapezoid-shaped elements which are attached to the cylindrical part are positioned either in a plane parallel to the plane of the gothic delta wing, or in a plane perpendicular to the gothic delta wing; and the system of motors includes at least one turbojet (TB1, TB2) positioned in a forward portion of the fuselage and able to be retracted into the fuselage, at least one fixed-geometry ramjet (ST1, ST2), and one rocket motor (Mf) positioned within a rear part of the fuselage, wherein a door (D) located in the rear part of the fuselage is able to be opened or closed, respectively to expose the rocket motor to the exterior, or to isolate the rocket motor from the exterior.“[14]

In dem Anspruch wird ein Flugzeug beschrieben, das drei unterschiedliche Motoren aufweist. Das Flugzeug weist ein Turbostrahltriebwerk, ein Staustrahltriebwerk und einen Raketenmotor auf.

Die Abb. 6.19 zeigt das ultraschnelle Flugzeug mit einem Rumpf F, mit einem Tank R_V, in dem Wasserstoff enthalten ist, und zwei Flüssigsauerstofftanks RO1 und RO2, die zur Versorgung des Raketenmotors vorgesehen sind.

[14] DPMA, https://depatisnet.dpma.de/DepatisNet/depatisnet?action=pdf&docid=US000009079661B2, abgerufen am 21.6.2024.

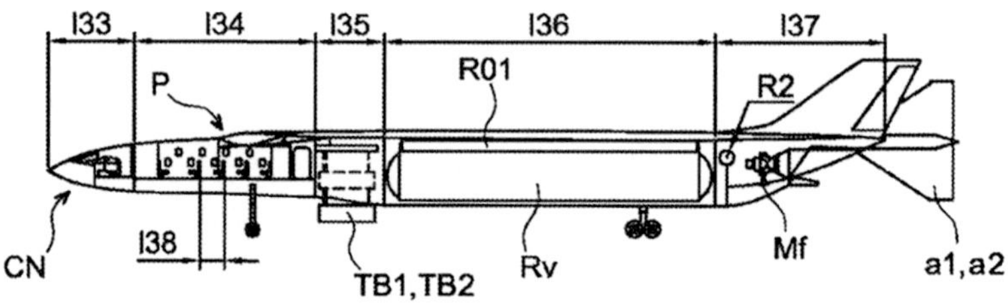

FIG. 6

Abb. 6.20 Fig. 6 der US9079661B2

Abb. 6.21 Fig. 13 der US9079661B2

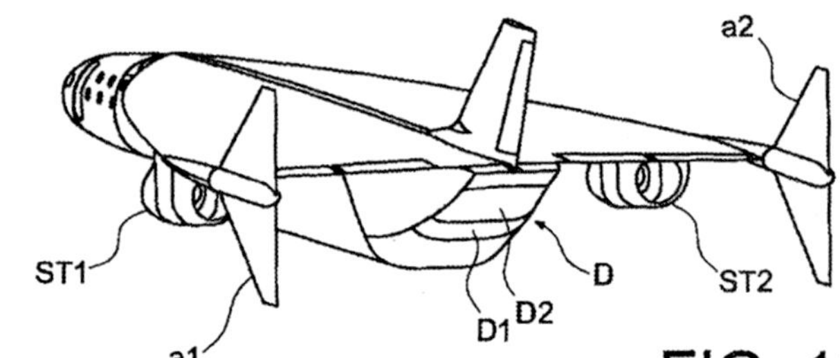

FIG. 13

Abb. 6.22 Fig. 15 der US9079661B2

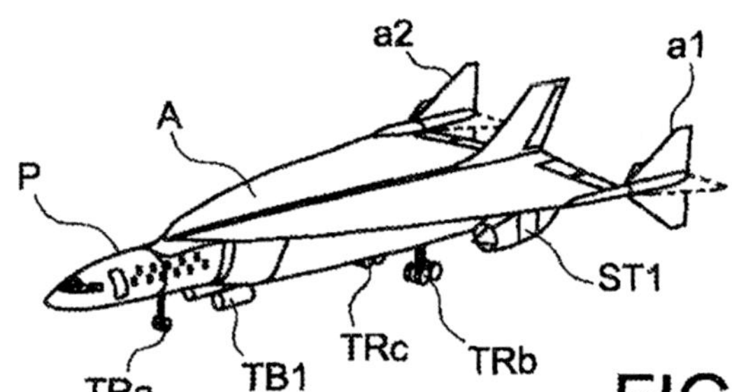

FIG. 15

In der Abb. 6.20 sind die Tanks R_V, RO1 und RO2 zur Versorgung des Raketenmotors dargestellt. Außerdem kann der Abb. 6.19 die Anordnung des Raketenmotors Mf entnommen werden.

Die Abb. 6.21 zeigt Klappen D_1 und D_2, hinter denen der Raketenmotor angeordnet ist. Wird der Raketenmotor gestartet, werden zuvor die Klappen D_1 und D_2geöffnet.

Die Abb. 6.22 zeigt eine perspektivische Darstellung des Überschallflugzeugs von vorne.

7 Weltraumfahrt

Von Raumfahrt bzw. Weltraumfahrt kann ab einer Flughöhe von ca. 80 km gesprochen werden. Die Weltraumfahrt begann mit der sowjetischen Sputnik und mit Juri Gagarin, der 1961 der erste Mensch im Weltraum war. Weitere Meilensteine der Raumfahrt war die Mondlandung der Apollo 11 und das Space Shuttle-Programm der USA. Im Orbit der Erde befinden sich mittlerweile eine Vielzahl von unbemannten Satelliten, die der Navigation auf der Erde und wissenschaftlichen und kommerziellen Zwecken dienen.

7.1 Raketenantrieb im Weltraum

Im Weltraum ist nur ein Antrieb mit Raketen eine sinnvolle Möglichkeit, um die großen Distanzen zu überwinden.

7.1.1 Robert Goddard

Robert Hutchings Goddard, geboren am 5. Oktober 1882 und gestorben am 10. August 1945, gilt als ein Raketen-Pionier, der bereits sehr früh konkrete Pläne für Weltraumraketen entwickelte. Goddard war früh klar, dass nur mit einer Rakete eine Weltraumfahrt ermöglicht werden konnte. In seinem Patent US 1102653 A, das am 7. Juli 1914 erteilt wurde, beschreibt er seinen „Rocket Apparatus".

Der Hauptanspruch des Patents US 1102653 A lautet:

1. *„In a rocket apparatus, in combination, a primary rocket, comprising a combustion chamber and a firing tube, a secondary rocket mounted in said firing tube, and means*

T. Meitinger, *Fahrzeuge. Hightech in Patenten*,
https://doi.org/10.1007/978-3-662-70137-9_7

for firing said secondary rocket when the explosive in the primary rocket is substantially consumed.“[1]

In dem Anspruch wird die Verwendung von Raketen zur Fortbewegung im Weltraum beschrieben und dass mehrere Raketenstufen für verschiedene Flugphasen verwendet werden, da eine einmal gezündete Raketenstufe nicht wieder gelöscht und neu gestartet werden kann. Mit einer Primär- und einer Sekundärrakete kann zumindest für zwei zeitlich getrennte Phasen des Flugs ein Raketenantrieb genutzt werden.
In der Fig. 1 der Abb. 7.1 ist eine Primärrakete 11 und eine Sekundärrakete 25 dargestellt.

Die Abb. 7.1 zeigt in der Fig. 2 einen Gyroskop 37 zum Steuern der Rakete. Ein Gyroskop ist ein Kreiselinstrument, das einen sich sehr schnell rotierenden Kreisel aufweist, wobei der Kreisel beweglich gelagert ist, insbesondere mittels einer kardanischen Lagerung. Durch die Rotation weist der Kreisel ein hohes Beharrungsvermögen aus und durch die kardanische Aufhängung wird der Kreisel durch eine Bewegung seiner Umgebung nicht in seiner Rotation gestört, sodass die Ausrichtung des Kreisels konstant bleibt und zur Bewertung der Neigung der Rakete genutzt werden kann.

Goddard hat sich außerdem mit dem Problem beschäftigt, dass eine Rakete beim Startvorgang durch Windstöße leicht beeinflussbar ist, da sie noch eine sehr geringe Geschwindigkeit aufweist. In dem Patent US 2307125 A, das am 9. Dezember 1940 beim Patentamt eingereicht wurde, wird eine Startvorrichtung für Raketen beschrieben.

Der Hauptanspruch lautet:

1. „*Launching apparatus for rocket craft having an outer casing which comprises a fixed frame, a cradle mounted for upward movement in said frame and supporting said rocket craft, means movably mounted on said cradle and engaging the sides of said rocket craft to laterally position said craft in said cradle, and power means to rapidly raise said cradle and rocket craft in said frame.*“[2]

Der Anspruch offenbart eine Startvorrichtung für ein Raketenfahrzeug mit einem äußeren Rahmen und einem Gestell innerhalb des Rahmens, wobei das Gestell das Fahrzeug trägt und ausrichtet für den Start.
Die Abb. 7.2 zeigt die Startvorrichtung mit Stützen 41 des äußeren Rahmens und dem inneren Gestell.

7.1.2 Hermann Oberth

Hermann Oberth, geboren am 25. Juni 1894 und gestorben am 28. Dezember 1989, war ein maßgeblicher Raketen-Pionier. Sein Patent DE 570511 A mit dem Titel „Vorrichtung

[1] DPMA, https://depatisnet.dpma.de/DepatisNet/depatisnet?action=pdf&docid=US000001102653A, abgerufen am 15.7.2024.

[2] DPMA,https://depatisnet.dpma.de/DepatisNet/depatisnet?action=pdf&docid=US000002307125A, abgerufen am 15.7.2024.

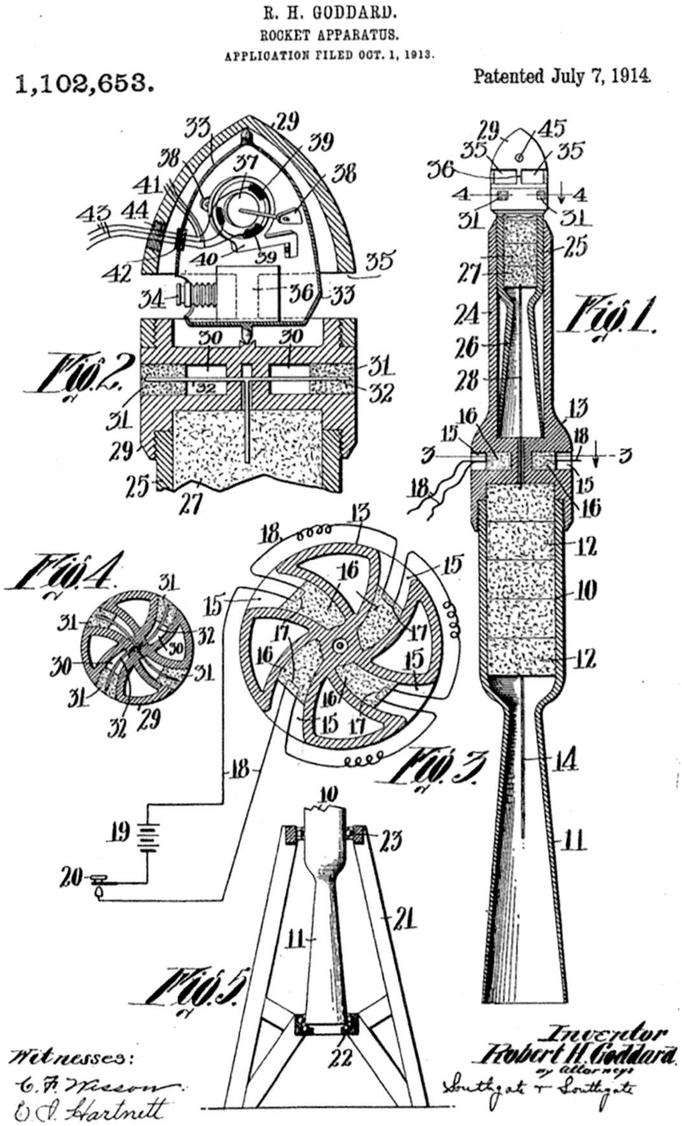

Abb. 7.1 Fig. 1 bis 5 der DE1102653

zum Antrieb von Fahrzeugen durch den Rückstoß ausströmender Verbrennungsgase“, das am 7. März 1929 erteilt wurde, war eines der ersten Patente, das sich mit Weltraumraketen beschäftigte.

Der Anspruchssatz des Patents lautet:

1. „*Vorrichtung zum Antrieb von Fahrzeugen durch den Rückstoß ausströmender Verbrennungsgase, dadurch gekennzeichnet, daß der der Ausstoßöffnung vorgelagerte Verbrennungsraum eine bauchige Erweiterung bildet.*

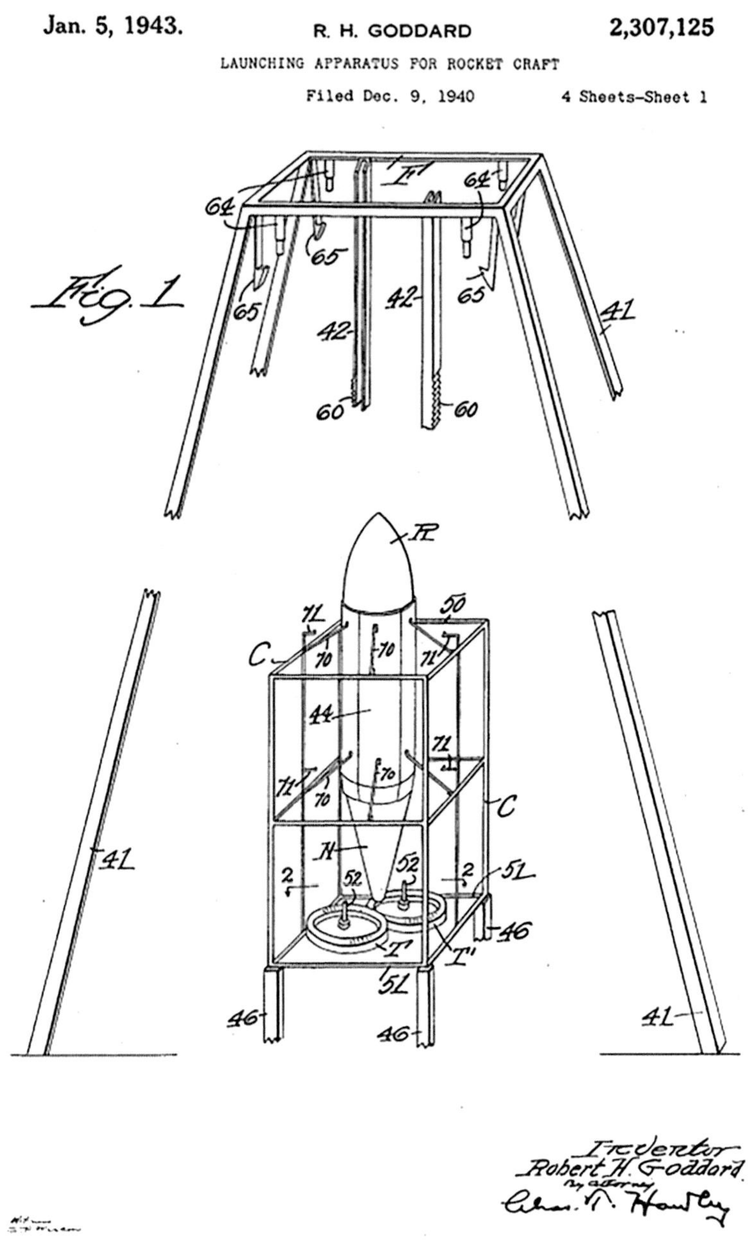

Abb. 7.2 Fig. 1 der US2307125

2. *Vorrichtung nach Anspruch 1, dadurch gekennzeichnet, daß vor dem Verbrennungsraum Seitenkanäle mit an sich bekannten Sicherheitsventilen angeordnet sind, welche bei plötzlicher Drucksteigerung zwecks Verminderung der Verbrennungsgeschwindigkeit Verbindung mit dem Freien herstellen.*

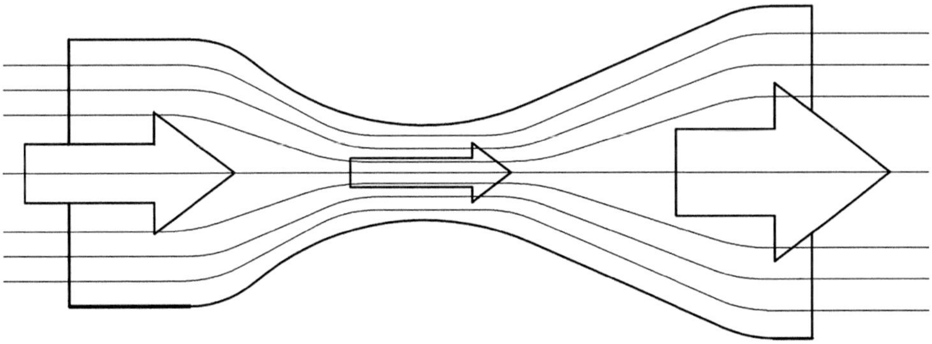

Abb. 7.3 Lavaldüse

3. *Vorrichtung nach Anspruch 1, dadurch gekennzeichnet, daß an den Wandungen des Verbrennungsraumes ein nicht an der Verbrennung teilnehmendes Schutzgas entlang geleitet wird.*“[3]

Oberth beschreibt im Anspruch 1, dass der Antrieb durch Rückstoß erfolgt und dass eine sich nach außen ausdehnende Düse vorteilhaft ist. Damit beschreibt er die wesentlichen Charakteristika einer Lavaldüse.

Die Abb. 7.3 zeigt eine Lavaldüse mit dem bauchigen Ende, aus dem die Verbrennungsprodukte herausgeschleudert werden.

Der Anspruch 2 ist einer Ausführungsform gewidmet, die einen gleichbleibenden Antrieb durch das Begrenzen des maximalen Schubs sicherstellt. Hierdurch bleibt die Rakete steuerbar. Im Anspruch 3 wird eine Ausführungsform offenbart, die die Explosionsgefahr durch die Verbrennungsmaterialien durch eine Umhüllung mit Schutzgas bannen soll.

Die Abb. 7.4 zeigt eine Weltraumrakete mit mehreren Stufen c_1, c_2, c_3, c_4, c_5 und c_6.

7.1.3 Wernher von Braun

Wernher von Braun war maßgeblich an der Entwicklung der riesigen Saturn V-Rakete beteiligt, mit der die Mondlandung glückte. Wernher von Braun beschrieb in dem Patent US 2967393 A, das am 10. Januar 1961 erteilt wurde, sein Raketen-Konzept, auf dem die Realisierung der Saturn V-Rakete basiert.

[3] DPMA, https://depatisnet.dpma.de/DepatisNet/depatisnet?action=pdf&docid=DE000000570511A, abgerufen am 22.6.2024.

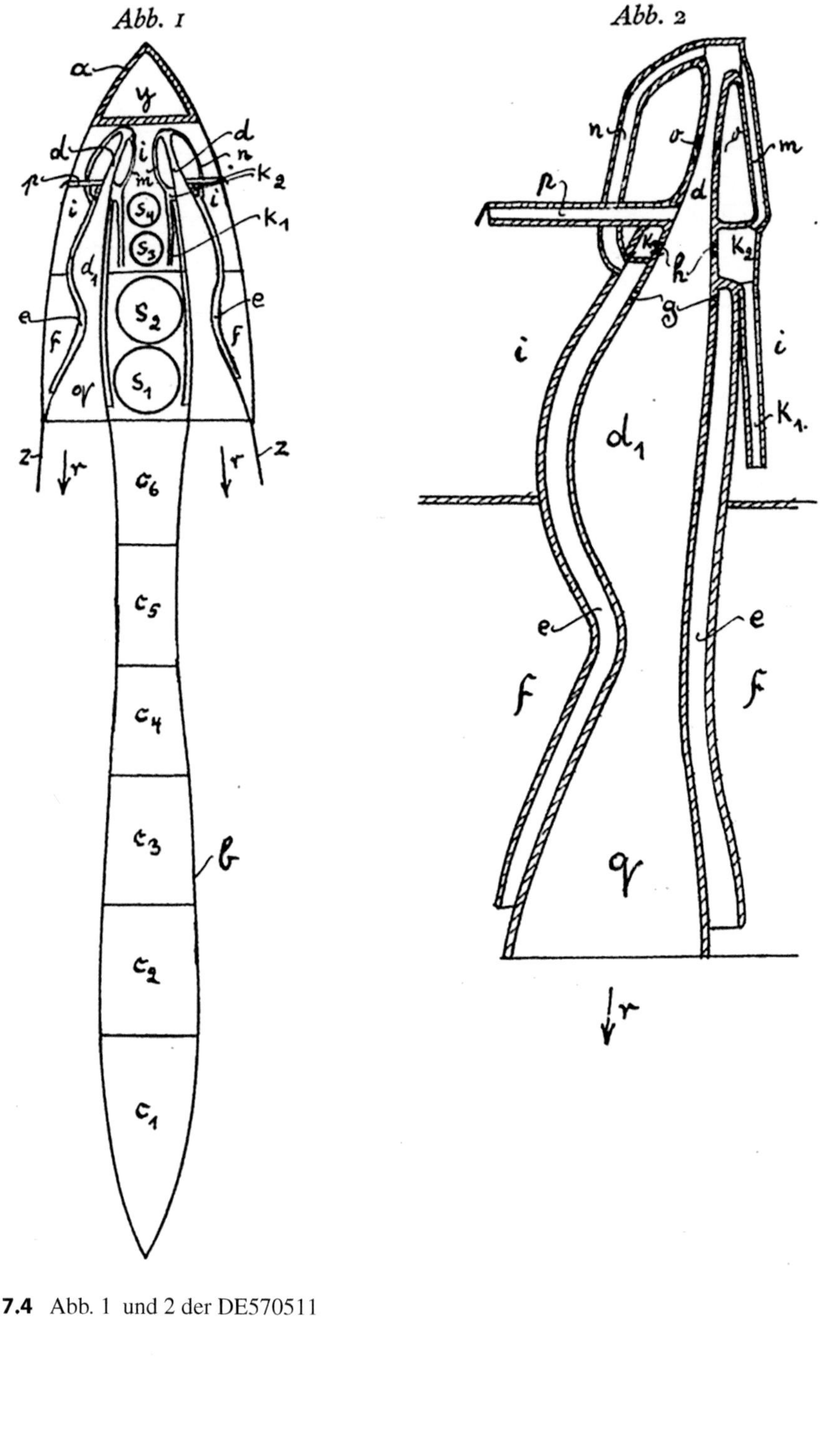

Abb. 7.4 Abb. 1 und 2 der DE570511

Der Hauptanspruch lautet:

1. „*A missile having a high mass ratio, comprising an elongated shell that is substantially cylindrical over most of its length, has a fuel-storage portion, and terminates in a rocket-motor portion whose after end has a diameter approximating in size the maximum diameter of the shell, and a rocket-motor assembly housed within said rocket-motor shell portion, said motor assembly comprising: a generally cylindrical combustion chamber, having outer and inner walls, a space therebetween and a pair of diametrically-located partitions joining said walls and dividing said space into two coolant chambers; a nozzle assembly attached to and opening to the after end of said combustion chamber, having an outer wall that is of substantially the same diameter as and is fixed to said combustion-chamber outer wall, having an inner wall that is of substantially the same diameter as and is fixed to said combustion-chamber inner wall, and further comprising substantially parallel, hollow, bar-like vanes that extend transversely across the mouth of said chamber and are of a configuration to provide a nozzle for rocket-motor gases between each pair of parallel vanes, each of said channels having a narrow, nozzle-throat portion between its inlet at said chamber and its nozzle-mouth portion at the after end of the rocket motor, said nozzle vanes and channels occupying and producing thrust in substantially all of the space within said nozzle-assembly inner wall; means for supplying a coolant to one of said two coolant chambers, and thru said hollow vanes into the outer one of said coolant chambers; and means to provide an outlet for said coolant from said other one of said coolant chambers.*“[4]

Der Hauptanspruch offenbart eine Rakete, deren Raketenmotoraustritt dem maximalen Durchmesser der Rakete entspricht, und eine Düse, die ringförmig ausgebildet ist und sich nach hinten erweitert. Die erfindungsgemäße Rakete weist außerdem eine Vielzahl von Düsenkanälen auf.

Die Abb. 7.5 zeigt links die erfindungsgemäße Rakete und rechts eine bis dahin übliche Weltraumrakete. Die erfindungsgemäße Rakete unterscheidet sich von der herkömmlichen Rakete durch eine Vielzahl von kleinen Düsen 1 im Vergleich zu der einen großen Düse 28 der herkömmlichen Rakete. Hierdurch kann eine kompaktere Düsenanordnung erzielt werden und den Brennstofftanks 3 ein größeres Volumen zur Verfügung gestellt werden. Mit den größeren Brennstofftanks war der Mond für die Weltraumrakete erreichbar.

7.1.4 Eugen Sänger

Eugen Sänger ist der Erfinder des Raketenmotors für ein Raketenflugzeug. Zusammen mit Benno Fiala von Fernbrugg hat er seine Erfindung in dem Patent DE 716175, das am 15. März 1935 erteilt wurde, beschrieben.

---

[4] DPMA, https://depatisnet.dpma.de/DepatisNet/depatisnet?action=pdf&docid=US000002967393A, abgerufen am 15.7.2024.

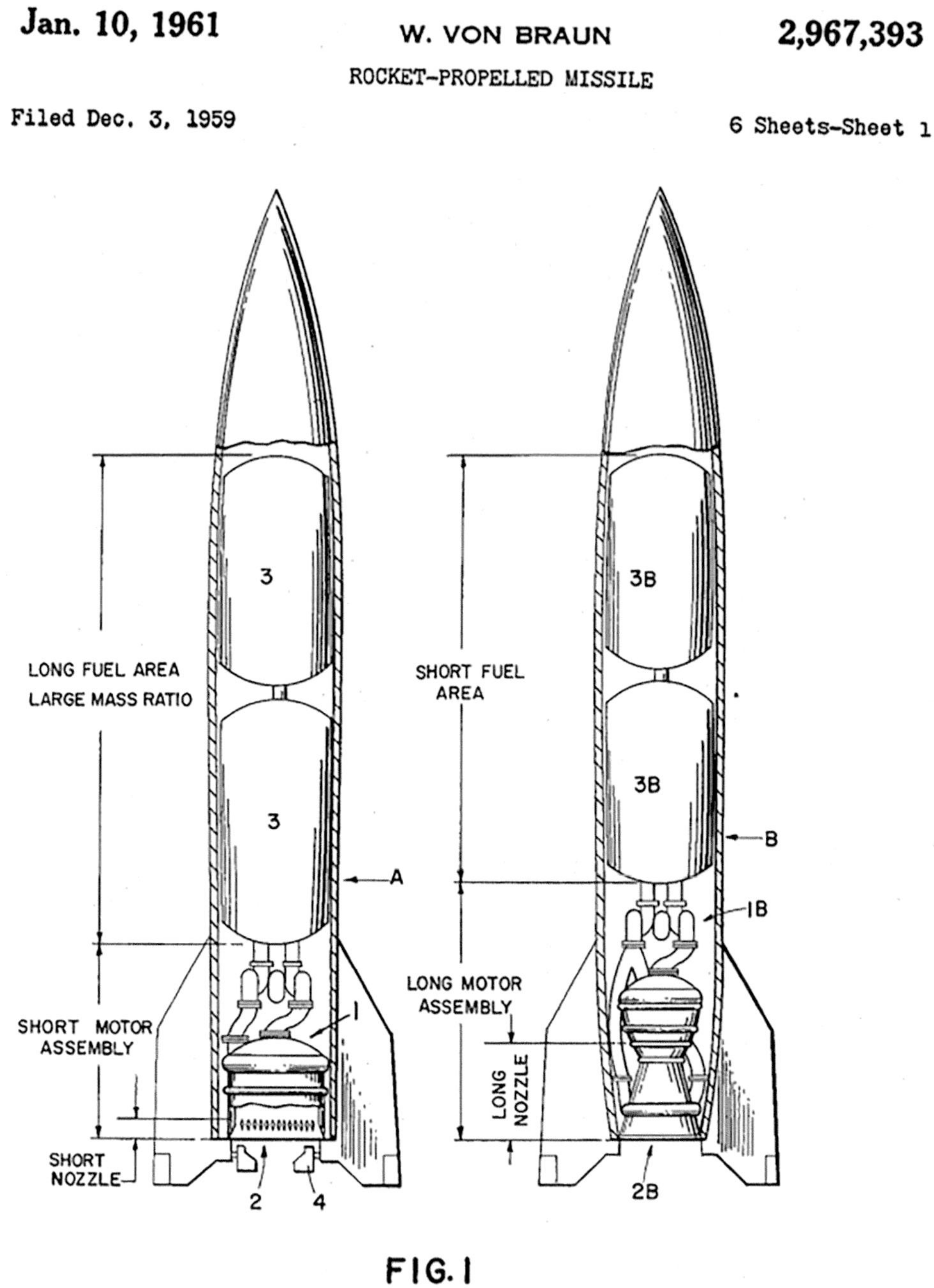

Abb. 7.5 Fig. 1 der US2967393

Der Hauptanspruch des Patents lautet:

1. *„Raketenmotor, bei dem die im Verbrennungsraum zur chemischen Reaktion gelangenden Stoffe gänzlich an Bord des Fahrzeuges mitgeführt werden, mit ununterbrochener Verbrennung und Kühlung der Verbrennungsraumwandungen, insbesondere von der Art, bei der das Verhältnis zwischen dem nutzbaren Verbrennungsraum und dem engsten Querschnitt der Ausströmöffnung der Feuergase zwischen 50 und 5000 cm liegt, dadurch gekennzeichnet, daß die Wände des Verbrennungsraums aus einem die Wärme gut leitenden Material bestehen und zur Führung des Kühlmittels Kanäle ohne sprunghafte Querschnittsänderungen vorgesehen sind, die die Wand der Verbrennungskammer und der Austrittsdüse praktisch lückenlos bedecken, derart, daß an jeder Stelle der feuerberührten Wand eine bestimmte Strömungsgeschwindigkeit des Kühlmittels zwangsläufig aufrechterhalten wird."*[5]

Die Abb. 7.6 zeigt Verbrennungskammern mit unterschiedlichen Verbrennungsraumwandungen, die insbesondere der Kühlung dienen, sodass die Verbrennungskammer des Raketenmotors innerhalb der Weltraumrakete angeordnet werden kann, ohne durch eine Hitzeentwicklung der Rakete Schaden zuzufügen.

7.2 Verbrennung von Wasserstoff und Sauerstoff

Weltraumraketen benötigen sehr hohe Schubleistungen. Ein besonders leistungsstarkes Raketentriebwerk ist in der US 3077073 A, die am 12. Februar 1963 zum Patent führte, beschrieben, das den Antrieb durch die Verbrennung von Sauerstoff und Wasserstoff liefert.

Der Hauptanspruch lautet:

1. *„A power plant including a combustion chamber, an exhaust nozzle receiving gases from said combustion chamber, a source of oxidizer, a heat exchanger adjacent said nozzle, a source of liquid fuel, means for conducting fuel from said source to said heat exchanger including a fuel pump, said fuel being increased in temperature in said heat exchanger, a turbine driven by said heated fuel and located downstream of said heat exchanger, shaft means connecting said fuel pump for being driven by said turbine oxidizer pump means driven by said turbine including fluid connections to said source and said combustion chamber, a conduit including a bypass valve for controlling the amount of fuel bypassing said turbine to control the turbine speed and the output of said pumps, and means for conducting the exhaust fuel flow from said turbine and the flow bypassed by said bypass valve to said combustion chamber."*[6]

---

[5] DPMA, https://depatisnet.dpma.de/DepatisNet/depatisnet?action=pdf&docid=DE000000716175A&xxxfull=1, abgerufen am 9.6.2024.

[6] DPMA, https://depatisnet.dpma.de/DepatisNet/depatisnet?action=pdf&docid=US000003077073A, abgerufen am 15.7.2024.

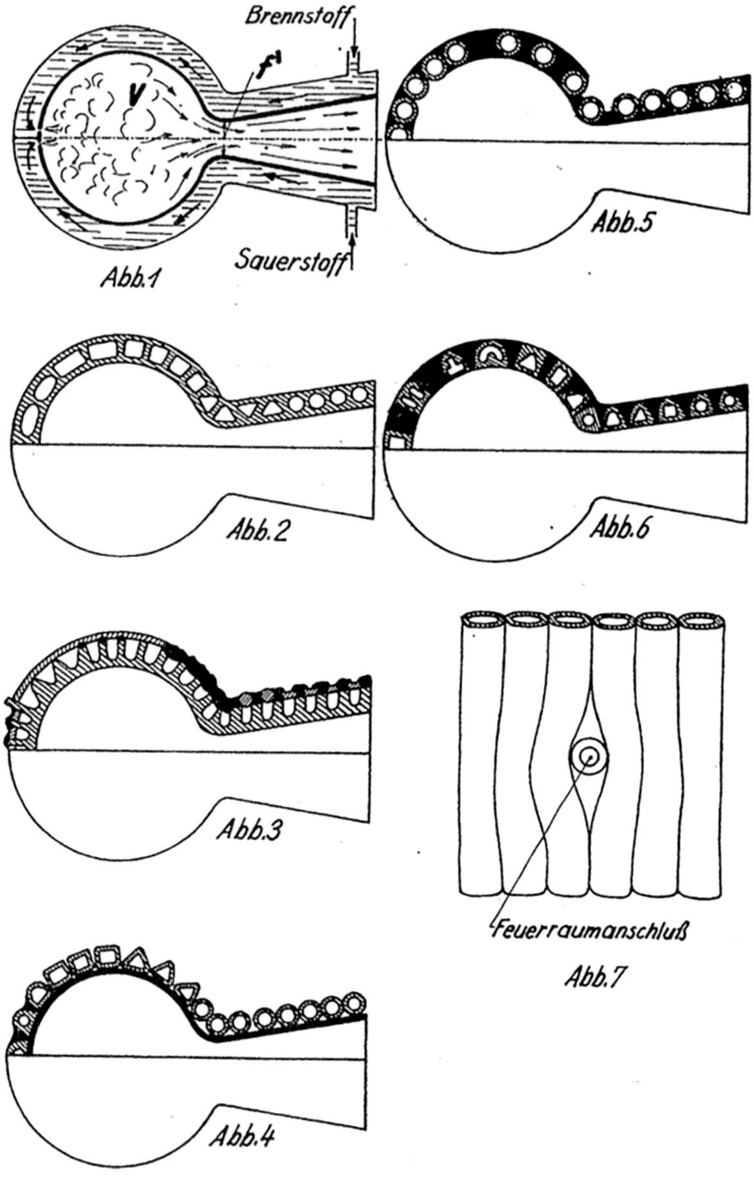

Abb. 7.6 Abb. 1 bis 7 der DE716175

Die Erfindung ist ein Raketentriebwerk, dessen Verbrennungskammer mit einem Wasserstoff-Sauerstoff-Gemisch versorgt wird, wobei der Wasserstoff in die Brennkammer gasförmig eingespritzt wird und der Sauerstoff in zerstäubter Form als Sprühnebel eingeleitet wird. Hierdurch kann eine optimale Verbrennung des Wasserstoff-Sauerstoff-Gemisches erzielt werden, da der Wasserstoff in der Brennkammer in gasförmiger Form

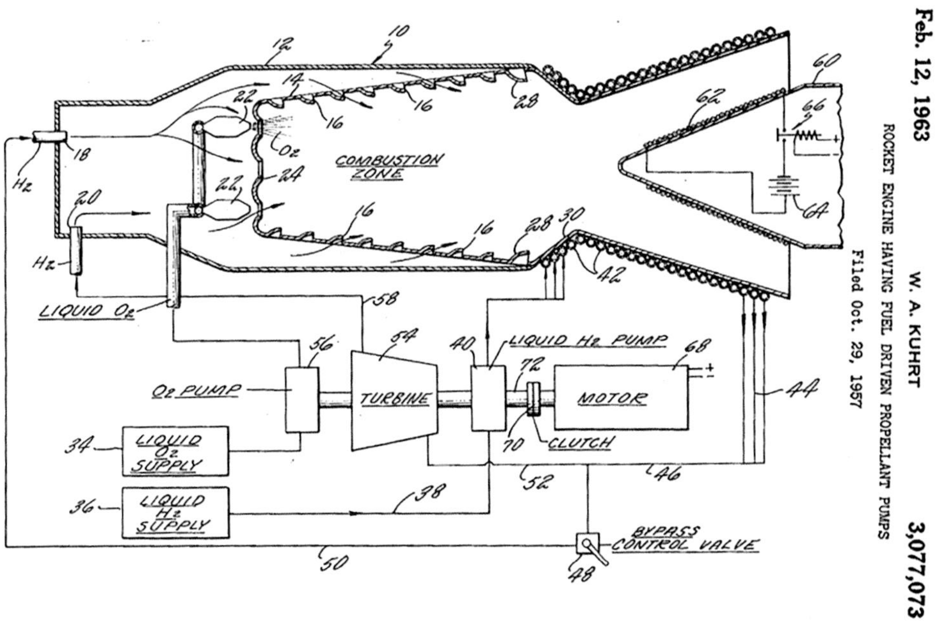

Abb. 7.7 Figur der US3077073

und der Sauerstoff in flüssiger Form, aber als Tröpfchen eines Nebels, enthalten ist. Es ergibt sich eine intensive Vermengung des Wasserstoffs mit dem Sauerstoff, die die Verbrennung des Gemisches befördert.

Die Abb. 7.7 zeigt den Raketenmotor mit dem Sauerstofftank 34 und dem Wasserstofftank 36, wobei der Sauerstoff als Sprühnebel mittels der Düsen 22 in die Brennkammer gespritzt wird und der Wasserstoff durch die Pumpe 40 eingeblasen wird.

7.3 Raumkapsel

Eine Raumkapsel hat die Aufgabe, einen Transport von Raumfahrern, die in den USA als Astronauten, in Russland als Kosmonauten und in China als Taikonauten bezeichnet werden, sicher zu ermöglichen. In der US 3093346 A, die am 11. Juni 1963 zum Patent führte, ist eine Raumkapsel beschrieben, die an der Spitze einer Weltraumrakete platziert ist.

Der Hauptanspruch des Patents lautet:

1. „*A space satellite comprising an air tight compartment, a shell structure surrounding said compartment, heat shielding means for said compartment, jettisonable means positioned adjacent said heat shielding means for generating acceleration and deceleration thrusts toward said heat shielding means in a direction substantially on a line*

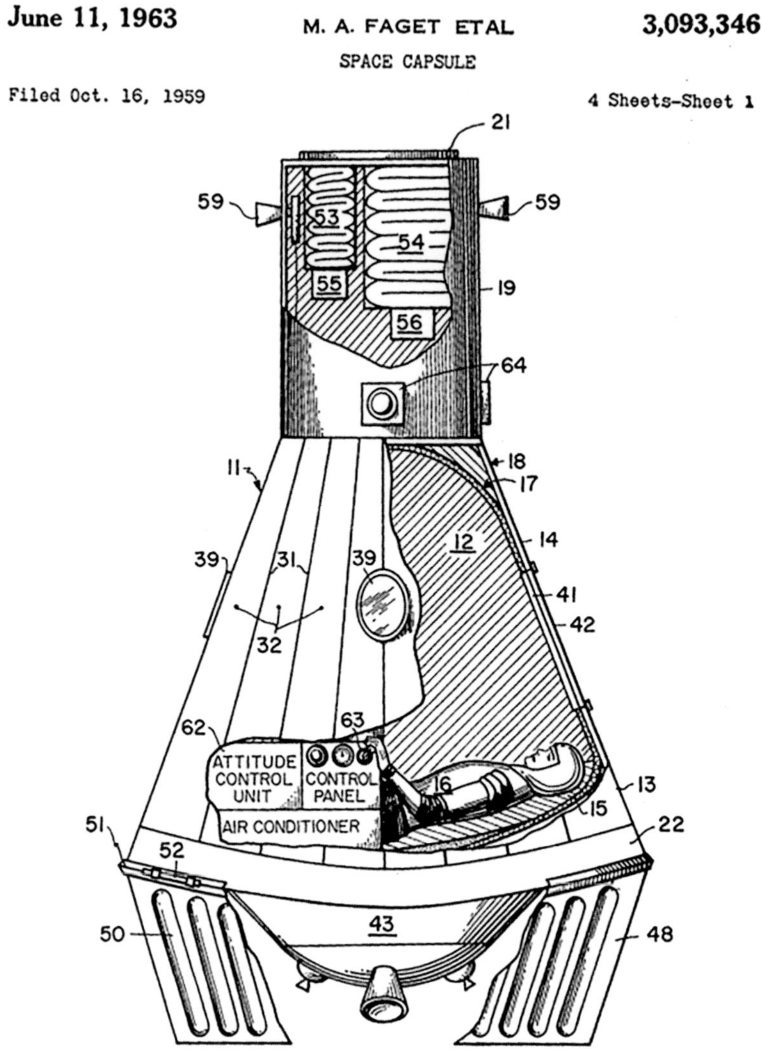

FIG. 1

Abb. 7.8 Fig. 1 der US3093346A

through the center of gravity of the satellite, and means for generating torque thrusts to effect a desired attitude of the satellite."[7]

[7] DPMA, https://depatisnet.dpma.de/DepatisNet/depatisnet?action=pdf&docid=US000003093346A, abgerufen am 15.7.2024.

Der Anspruch beschreibt eine Raumkapsel mit einer luftdicht abgeschlossenen Kammer für Astronauten und eine Hitzeschutzeinrichtung, damit beim Eintritt in eine Atmosphäre eines Planeten die Raumkapsel der Hitzeentwicklung aufgrund der Reibung mit der Atmosphäre standhalten kann. Außerdem wird offenbart, dass die Kapsel eine Abwurfeinrichtung zum Beschleunigen oder Abbremsen der Kapsel und eine Einrichtung zum Ausrichten in eine gewünschte Lage der Kapsel umfasst.
Die Abb. 7.8 zeigt die Weltraumkapsel mit einem Astronauten 6, der sich in der luftdicht abgeschlossenen Kammer 12 befindet. Die Kapsel weist außerdem einen Landefallschirm 54 und einen Notfallschirm 53 auf. Die Kapsel besitzt mehrere Drehmomentdüsen 59, um die Kapsel in eine gewünschte Lage und Ausrichtung zu bringen.

Die Abb. 7.9 zeigt den Ablauf einer Weltraummission, wobei zunächst die Kapsel 11 mit einer Rakete 49 in den Weltraum befördert wird (Fig. 6a). Nachdem die Rakete 49 ausgebrannt ist, wird die Kapsel 11 entkoppelt und führt die Mission alleine weiter durch (Fig. 6b). Nach erfolgter Mission tritt die Kapsel 11 wieder in die Erdatmosphäre ein (Fig. 6f.), wobei der Fallschirm geöffnet wird, um eine sichere Landung zu gewährleisten (Fig. 6g).

In der US 3001739 A, die am 26. September 1961 erteilt wurde, ist eine Vorrichtung offenbart, die in einer missglückten Startphase einer Rakete die Astronauten aus der Gefahrenzone in Sicherheit bringen kann. Wird bei einer Rakete eine Stufe des Triebwerks gezündet, kann diese Stufe nicht mehr abgeschaltet werden. Missglückt die Startphase liegt daher eine gefährliche Situation vor, bei der die Astronauten nur dadurch gerettet werden können, dass sie von der brennenden Rakete schnell weggeholt werden. Das Patent US 3001739 A beschreibt eine Minirakete in der Transportrakete, um die Astronauten aus einer Gefahrenzone zu katapultieren.

Der Hauptanspruch lautet:

1. *„In combination with an aerial vehicle, an emergency unit comprising first propellant motor means for rapidly lifting the aerial vehicle a predetermined distance, second propellant motor means for effecting spatial separation between the emergency unit and the aerial vehicle, means for supporting said first and second motor means above the aerial vehicle, and means for normally attaching said last recited means to the aerial vehicle and for selectively detaching said last recited means therefrom."*[8]

Der Hauptanspruch offenbart eine Notfalleinheit mit einer Rakete zum Retten der Astronauten durch Herauskatapultieren aus der Gefahrenzone.

Die Abb. 7.10 zeigt die Notfallrakete 41 mit Düsen 39 zum Retten des Astronauten 21.

[8] DPMA, https://depatisnet.dpma.de/DepatisNet/depatisnet?action=pdf&docid=US000003001739A, abgerufen am 15.7.2024.

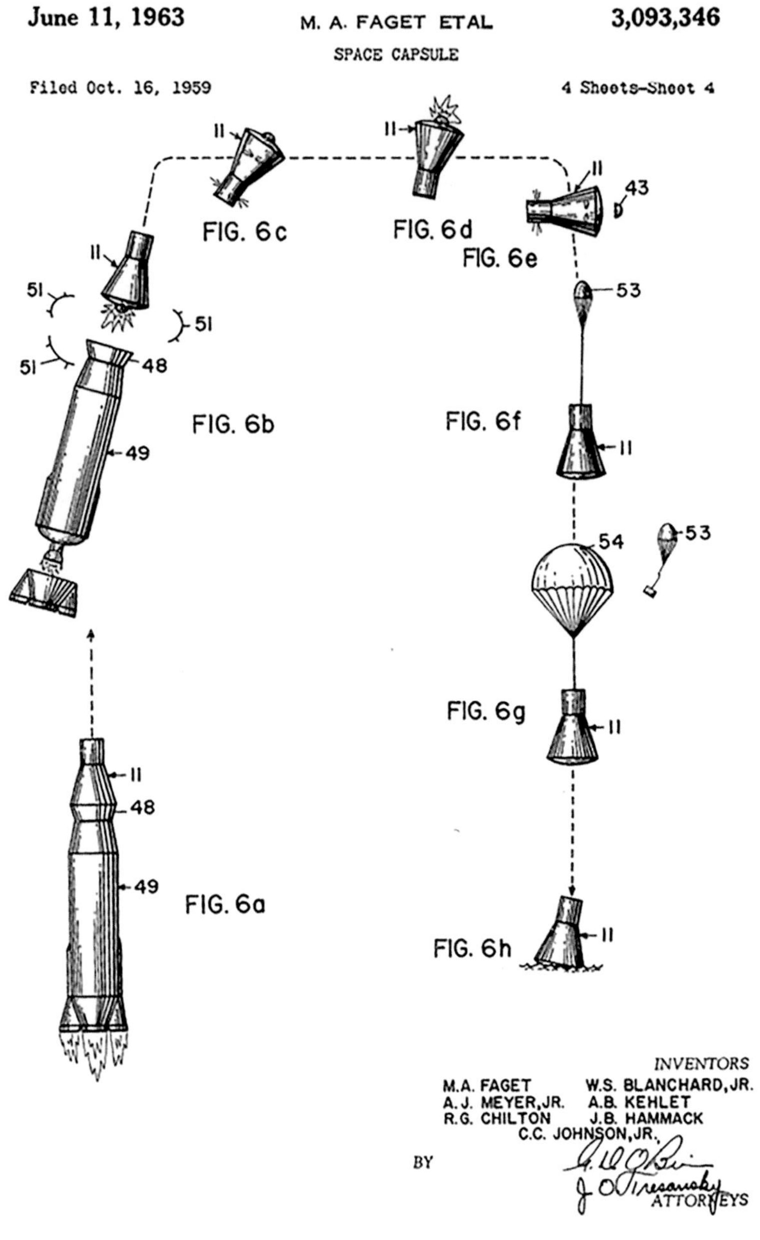

Abb. 7.9 Fig. 6a bis 6h der US3093346A

FIG. 1

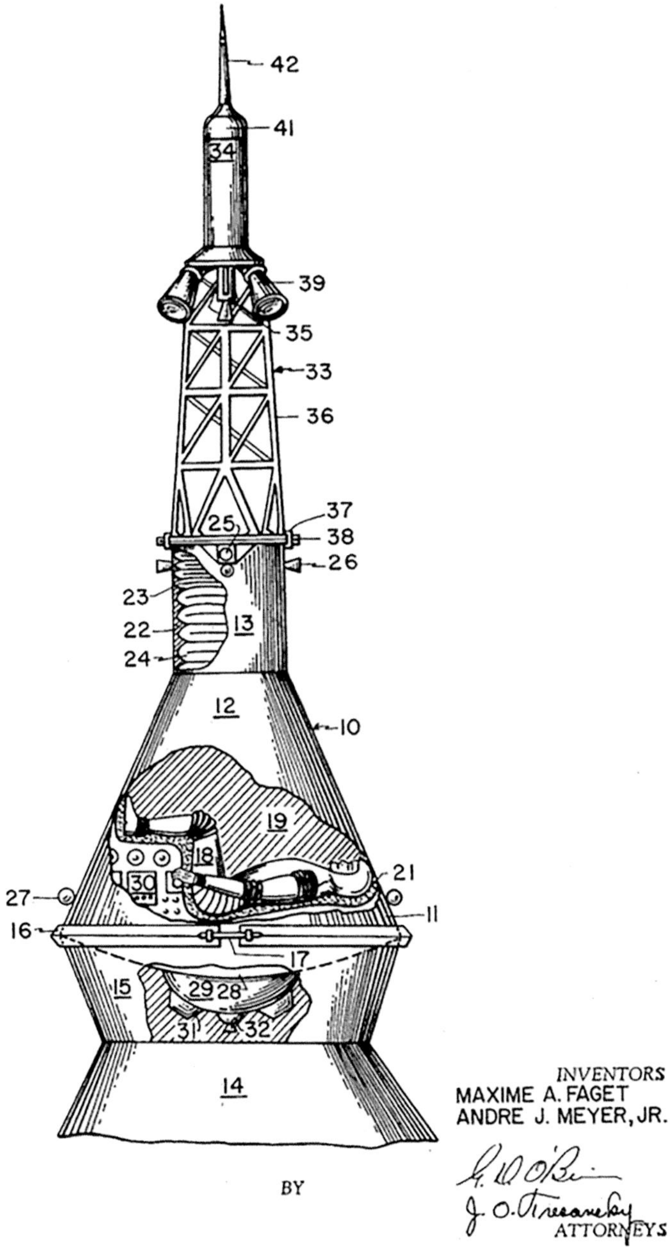

Abb. 7.10 Fig. 1 der US3001739A

7.4 Navigation im Weltraum

An die Systeme zur Navigation im Weltraum werden hohe Anforderungen bezüglich Genauigkeit und Verlässlichkeit gestellt. In der Patentschrift US 3104545 A, die am 24. September 1963 erteilt wurde, wird ein Navigationssystem für die Weltraumfahrt beschrieben, das auf Basis eines Gyroskops arbeitet.

Der Hauptanspruch lautet:

1. *„A guidance system comprising an earth reference member, means for stabilizing the earth reference member with respect to the earth´s polar axis, means for rotating the earth reference member with the earth about an axis parallel to the earth's polar axis, a range member adjustable with respect to the earth reference member about an axis perpendicular to the axis of rotation of the earth reference member, clamping means for setting the range member and the earth reference member at a fixed angle to determine any selected programmed great circle plane, the range member having a program axis normal to said great circle plane, a vertical indicating member carried by the range member, acceleration-detecting means carried by the vertical indicating member to detect horizontal components of acceleration in a plane to the programmed plane, driving means controlled by the acceleration detecting means to operate the vertical-indicating member with respect to the program axis to maintain the vertical indicating member in a fixed relation to the vertical in the programmed plane, and means carried by the vertical-indicating member and sensitive to horizontal components of acceleration in a plane normal to the programmed plane to signal departures from the programmed plane."*[9]

Die Abb. 7.11 zeigt einen Kreiselkompass, der kardanisch an einem Gestell 90 aufgehängt ist und mehrere Vibrationsabsorber 91 aufweist, um eine Störung des Kreiselkompass durch die Umgebung weitgehend auszuschließen.

Die Patentschrift US 3415126 A, die am 10. Dezember 1968 erteilt wurde, zeigt ein Navigationssystem, das insbesondere für eine korrekte Ausrichtung der Saturn V-Raketen auf ihrem Weg zum Mond gesorgt hat.

Das Leitsystem einer Weltraumrakete benötigt besonders verlässliche Bezugsgrößen zur Berechnung der Abweichungen von der geplanten Flugbahn der Rakete. Diese Bezugsgrößen können nur durch ausgeklügelte kardanische Lagerungen ermöglicht werden.

Der Hauptanspruch der US 3415126 A lautet:

1. *„In an azimuth alignment system for a stable platform adapted to be freely positioned relative to a fixed frame, said stable platform being rigidly fixed to a gimbal axle whose axis is perpendicular to the plane of said stable platform, said axle adapted to*

---

[9] DPMA, https://depatisnet.dpma.de/DepatisNet/depatisnet?action=pdf&docid=US000003104545A, abgerufen am 15.7.2024.

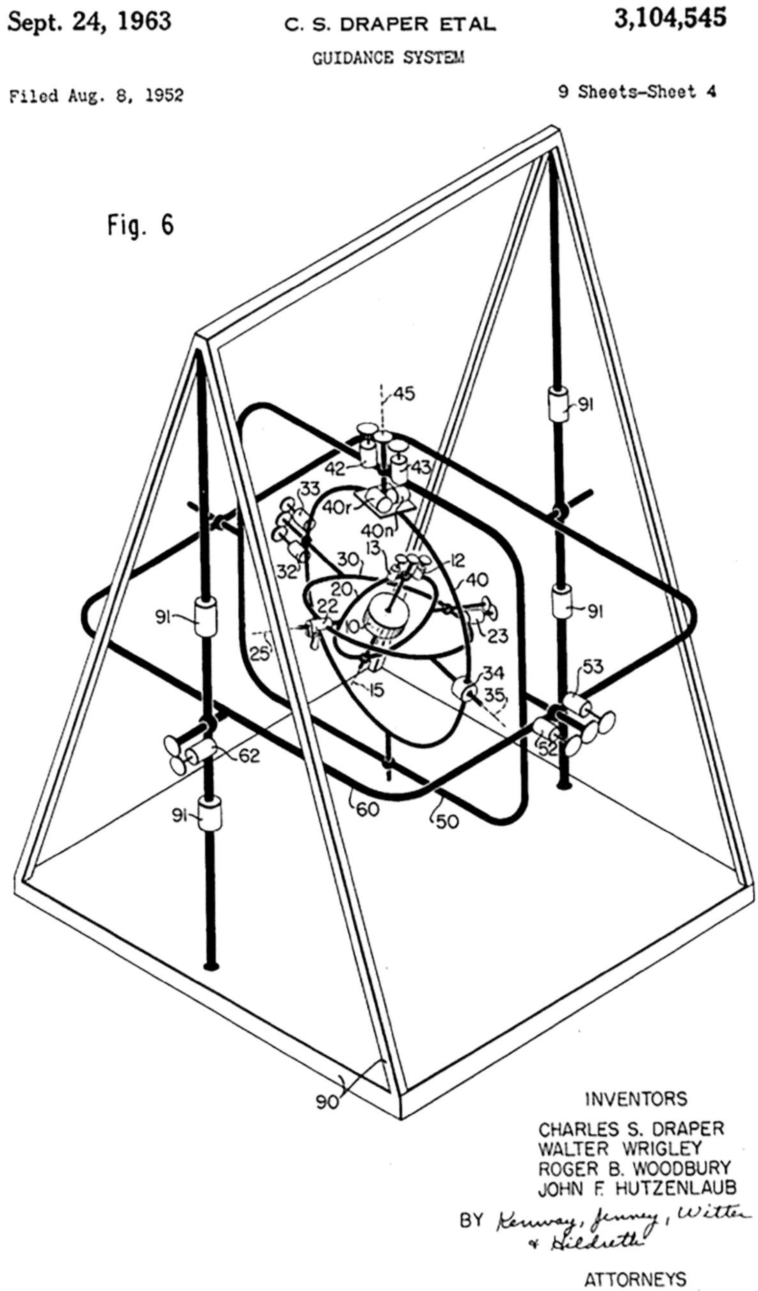

Abb. 7.11 Fig. 6 der US3104545

be aligned so its axis coincides with the vertical axis of the stable platform coordinate system, the other two axes of the coordinate system lying in the plane of said stable platform, and said axle being attached to a middle gimbal by pivots; the improvement comprising: a first light reflecting device mounted on said stable platform; a synchro transmitter assembly having a stator and a rotor co-axial to said gimbal axle, said stator being rotatable about said gimbal axle; a second light reflecting device; means rigidly connecting said second light reflecting device to said stator so said light reflecting device will rotate about the axis of said gimbal axle; means rigidly connecting said rotor to said gimbal axle whereby rotation of said stable platform about the axis of said gimbal axle will rotate said rotor about the axis of said gimbal axle; control means for alignment of said first and second light reflecting devices along a line of known azimuth and then for rotation of said stable platform about the axis of said gimbal axle according to a predetermined program.“[10]

Die Abb. 7.12 zeigt in der Fig. 1 eine schematische Darstellung einer ausgeklügelten kardanischen Lagerung einer Plattform 11. Auf der Plattform 11 sind Messgeräte angeordnet. Die Fig. 2 zeigt die konkrete Ausführung der erfindungsgemäßen Lagerung der Plattform 11, die die Messgeräte trägt, in einer Teilschnittdarstellung.

7.5 Mondlandefähre

Die „Eagle“ war die bemannte Mondlandefähre, die 1969 Louis Armstrong zum Mond transportierte. In der US 219690 S wird die Mondlandefähre in ihrem Design dargestellt. Die Abb. 7.13 zeigt die Mondlandefähre.[11]

Die Mondlandefähre hatte besondere Landungspuffer, um eine sichere Landung auf der bis dahin unbekannten Mondoberfläche sicherzustellen. Die Patentschriften US 3181821 A, die am 4. Mai 1965 erteilt wurde, und US 3175789 A, die am 30. März 1965 erteilt wurde, zeigen entsprechende Landungspuffer.

Der Hauptanspruch der Patentschrift US 3181821 A lautet:

1. „*In a spacecraft having a base and adapted to perform soft landings on lunar and other terrestrial surfaces, said landings to be performed with the spacecraft in a base downward attitude, a landing gear system comprising:*
   (a) *a shroud extending circumferentially around but spaced apart from the spacecraft having an exterior and an interior surface;*

[10] DPMA, https://depatisnet.dpma.de/DepatisNet/depatisnet?action=pdf&docid=US000003415126A, abgerufen am 15.7.2024.

[11] DPMA, https://depatisnet.dpma.de/DepatisNet/depatisnet?action=pdf&docid=US000000219690S, abgerufen am 15.7.2024.

Dec. 10, 1968 H. E. THOMASON ETAL **3,415,126**

AZIMUTH LAYING SYSTEM

Filed Sept. 25, 1964 2 Sheets-Sheet 1

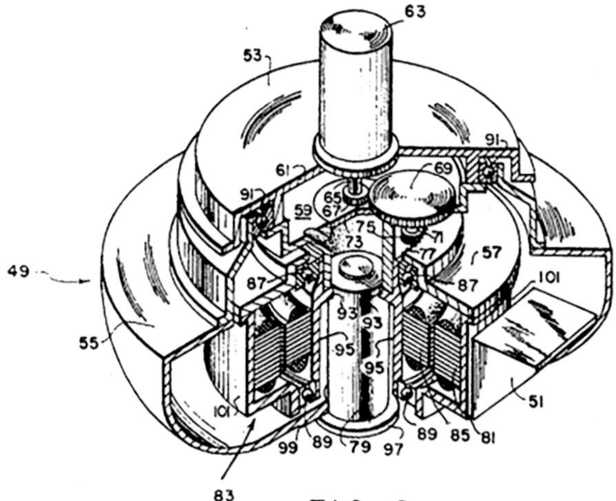

FIG 2

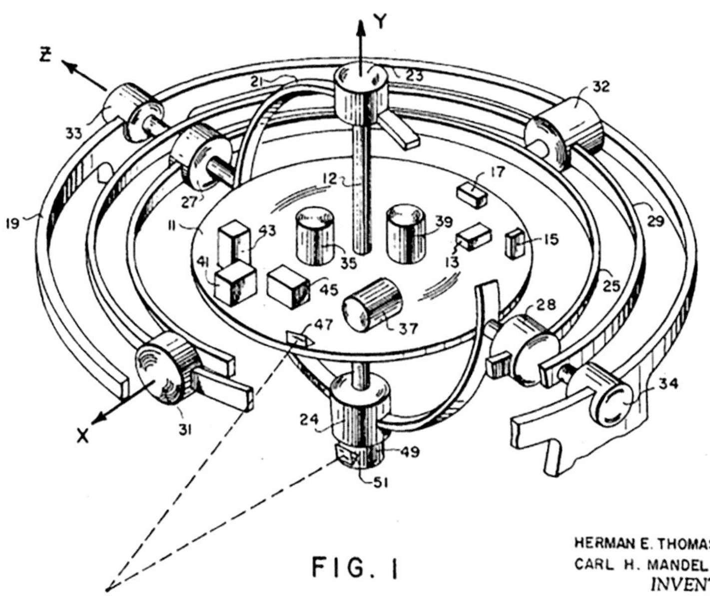

FIG. 1

HERMAN E. THOMASON,
CARL H. MANDEL,
INVENTORS

BY
ATTORNEYS

Abb. 7.12 Fig. 1 und 2 der US3415126

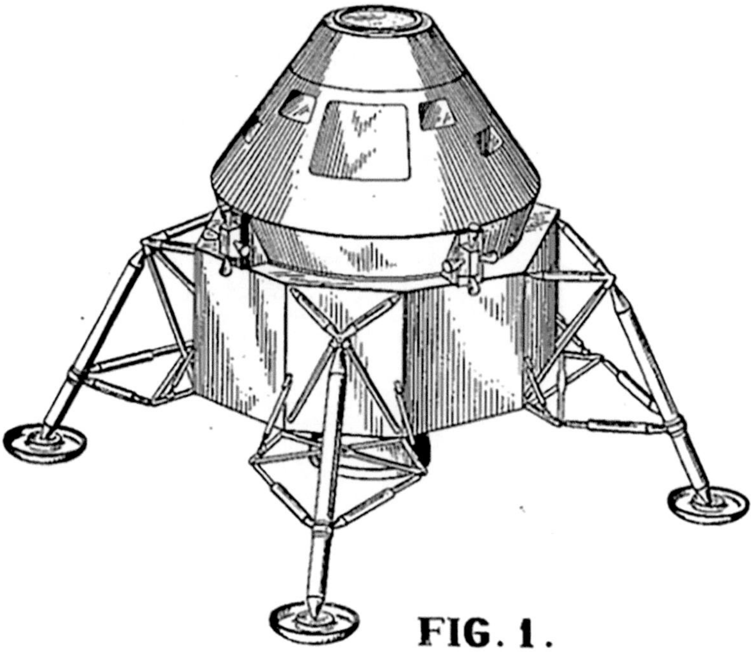

FIG. 1.

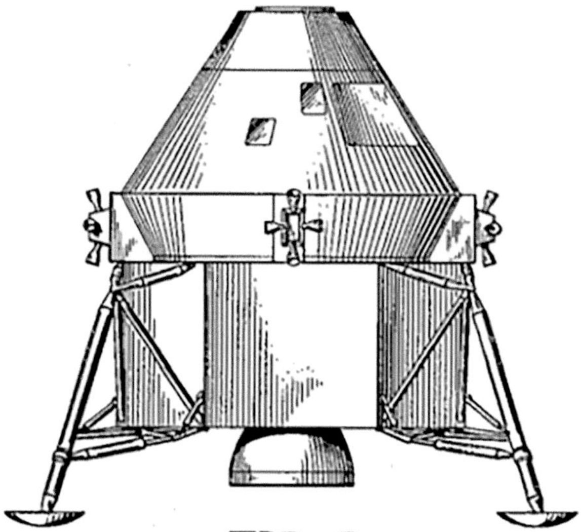

FIG. 2.

Abb. 7.13 Fig. 1 und 2 der US219690S

(b) *a plurality of retractable landing legs attached at one end to and positioned around the exterior surface of the shroud and extendable to a landing configuration in preparation to landing, each of said legs having attached at the other end thereof a landing foot; and*

(c) *a plurality of energy absorbers positioned in the space between the shroud and the spacecraft one end of which is attached to the spacecraft and the other to the shroud interior surface, whereby energy is absorbed by said energy absorbers when the landing feet come in contact with a lunar or other terrestrial surface upon which a soft landing is being performed causing a relative movement of the shroud with respect to the spacecraft.*“[12]

Der Anspruch beschreibt ein Landegestell mit einziehbaren Landebeinen, die kurz vor der Landung ausgefahren werden, und Dämpfungselementen, um eine weiche Landung der Raumkapsel sicherzustellen.

Die Abb. 7.14 zeigt das Landegestell mit den ausfahrbaren Landebeinen 47 und den Dämpfungselementen 21.

Die Patentschrift US 3175789 A, die am 30 März 1965 erteilt wurde, beschreibt Landefüße, die an den Landebeinen einer Weltraumkapsel montiert werden. Der Hauptanspruch lautet:

1. „*A landing pad assembly for absorbing the kinetic energy of a descending aerospace vehicle comprising:*

a) *a plurality of strut means attached to and extending downwardly from said vehicle in the direction that said vehicle is descending, said strut means being designed to absorb the vertical components of said kinetic energy produced by said vehicle contacting the landing surface upon which said vehicle is descending;*

b) *bowl-shaped means having an outer surface adapted to initially engage the landing surface upon which said vehicle is descending; and.*

c) *ball joint means for connecting said bowl-shaped means to said struts, said ball joint means having the pivot point thereof located at substantially the bottom of the inner surface of said bowl-shaped means so that any lateral movement of said vehicle over said landing surface after the outer surface of said bowl-shaped means has engaged said landing surface will result in said bowl-shaped means being pivoted about said pivot point into a positive angle of attack with said landing surface.*”[13]

---

[12] DPMA, https://depatisnet.dpma.de/DepatisNet/depatisnet?action=pdf&docid=US000003181821A, abgerufen am 15.7.2024.

[13] DPMA, https://depatisnet.dpma.de/DepatisNet/depatisnet?action=pdf&docid=US000003175789A, abgerufen am 15.7.2024.

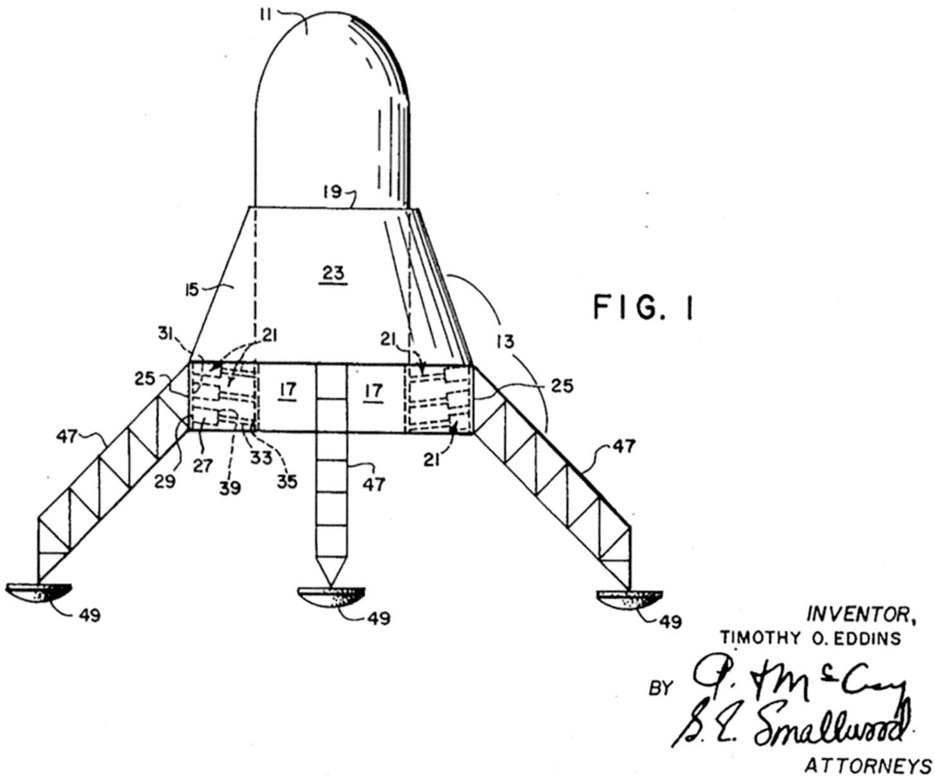

Abb. 7.14 Fig. 1 der US3181821A

Der Hauptanspruch offenbart die Landebeine, die zur Dämpfung besonders ausgeformt sind, wobei an den Landebeinen schalenförmige Füße angelenkt sind.
Die Abb. 7.15 zeigt die Vielzahl der Landebeine 16, an denen die schalenförmige Füße 20 mittels Kugelgelenken befestigt sind.

Die Abb. 7.16 zeigt einen Querschnitt durch einen schalenförmigen Fuß mit dem Kugelgelenk 50.

7.6 Raumanzug

Für die Mondlandung wurden besondere Raumanzüge für die Astronauten entworfen. Die Patentschrift US 3751727 A, die am 14. August 1973 erteilt wurde, beschreibt einen Raumanzug.

Der Hauptanspruch lautet:

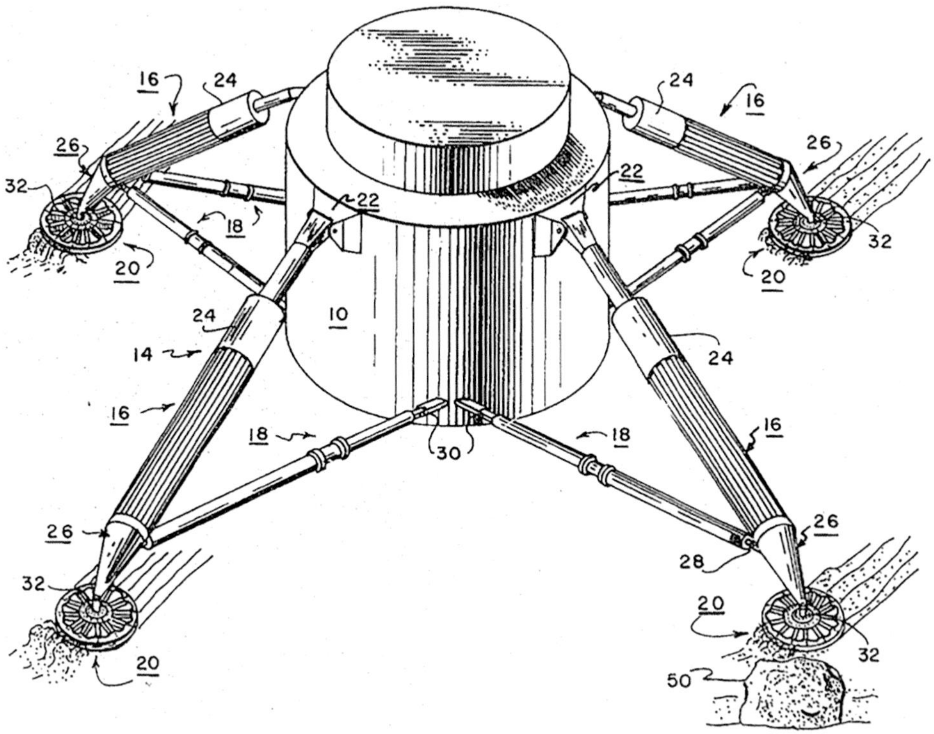

Abb. 7.15 Fig. 1 der US3175789A

1. *„A space suit for high altitude and space environments comprising a pressure garment having an inner sealing bladder and an outer restraint convering, a pair of like gas inlet connectors on said pressure garment connected together in substantially direct fluid connunication with each other for selective use of either or simultaneous use of both inlet connectors for passing life supporting gas into said suit, a pair of like gas outlet connectors on said pressure garment connected together in substantially direct fluid communication with each other for selective use of either or simultaneous use of both outlet connectors for passing gas as exhaust out of said suit, an electrical connector on said pressure garment for connection of communications and bio-instrumentation to the interior of the pressure garment, and a self-sealing biomedical injection patch on said pressure garment.* "[14]

Der Anspruch beschreibt im Wesentlichen die Zuführung von Luft in den Weltraumanzug und elektrische Verbindungsmöglichkeiten zur Außenwelt, um die Kommunikationsmöglichkeiten funktionsfähig zu halten.

[14] DPMA, https://depatisnet.dpma.de/DepatisNet/depatisnet?action=pdf&docid=US000003751727A, abgerufen am 15.7.2024.

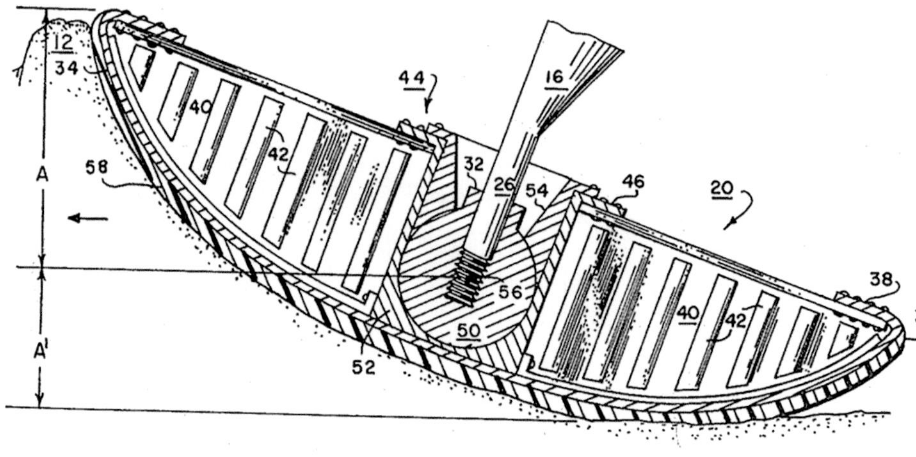

Abb. 7.16 Fig. 3 der DE3175789A

Die Abb. 7.17 zeigt den erfindungsgemäßen Weltraumanzug mit zwei Anschlussmöglichkeiten 56 und 58 für die Zufuhr von Atemluft und zwei Anschlüssen 60 und 62 für die Entsorgung verbrauchter Luft.

Die Patentschrift US 3534406 A, die am 20. Oktober 1970 erteilt wurde, beschreibt Gelenke eines Raumanzugs, die eine ausreichende Beweglichkeit der klobigen Raumanzüge schaffen.

Der Hauptanspruch des Patents lautet

1. „*In combination with a pressurized space suit, flexible joints for the knees and elbows of the space suit, each said flexible joint including: a plurality of flexible convolutes circumferentially disposed and extending the length of the joint, restraint cable means attached to each end of said joint to prevent undue joint expansion when the space suit is pressurized and acting in combination with the suit pressure to produce forces and moments within the joint tending to bend the joint to a maximum configuration, spring biased piston means acting against said restraint cable means and serving to produce forces and moments equal and opposite to that produced by the restraint cable means and pressure forces to provide a system that is in a state of near-equilibrium at all angles of bend of said joint to thereby permit joint flexure with a minimum of effort on the part of the suit occupant.*"[15]

[15] DPMA, https://depatisnet.dpma.de/DepatisNet/depatisnet?action=pdf&docid=US000003534406A, abgerufen am 15.7.2024.

Abb. 7.17 Fig. 2 der US3751727A

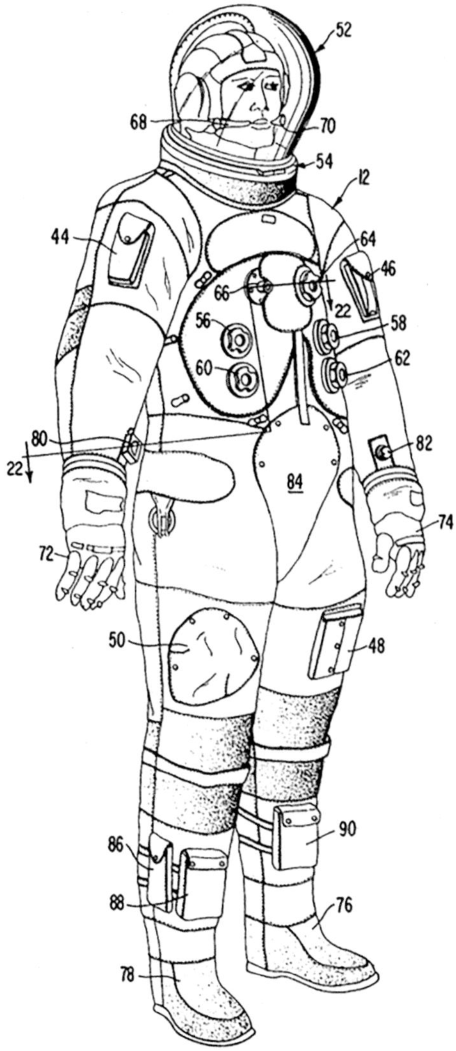

FIG. 2

Der Anspruch beschreibt flexible Gelenke, die eine Vielzahl an dehnbaren Elementen umfassen und sich über die komplette Länge der Gelenke erstrecken. Damit die Gelenke nicht überdehnt werden, wirken Halteseile als Rückhalteelemente.

Die Abb. 7.18 zeigt den erfindungsgemäßen Weltraumanzug mit den Gelenken.

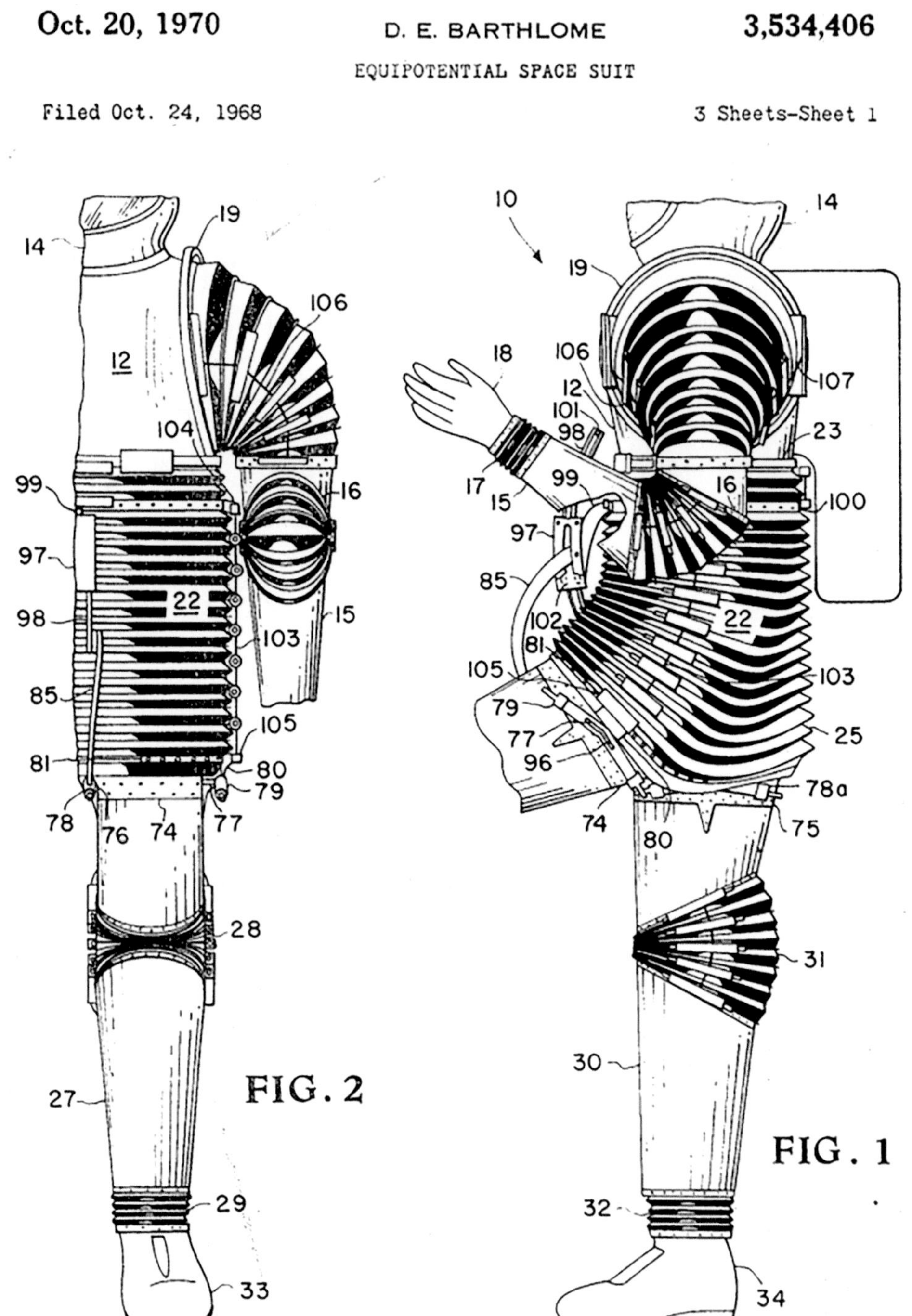

Abb. 7.18 Fig. 1 und 2 der US3534406

7.7 Hitzeschutzschild

Beim Rücksturz einer Weltraumkapsel nach erfolgter Mission auf die Erde weist eine Weltraumkapsel eine hohe Geschwindigkeit auf, wodurch es aufgrund der Reibung mit der Erdatmosphäre zu einer hohen Temperaturentwicklung kommt. Eine Weltraumkapsel benötigt daher einen Hitzeschutzschild, damit die Weltraumkapsel beim Durchfliegen der Erdatmosphäre nicht verglüht. Die Patentschrift US 3130940 A, die am 28. April 1964 erteilt wurde, beschreibt einen Hitzeschutzschild für eine Weltraumkapsel.

Der Hauptanspruch lautet:

1. „*In combination: a space vehicle having a bulkhead and adapted to enter an atmosphere at velocities wherein substantial components of both radiative and convective heat will be created and transferred to said bulkhead and then to the interior of said vehicle, and a heat shield for substantially retarding the transfer of heat to the interior of said vehicle, said heat shield comprising:*
   (1) *a metallic heat sink secured to and having a contour similar to that of said bulkhead,*
   (2) *a layer of heat insulation material interposed between said heat sink and said bulkhead for retarding the transfer of heat from said heat sink to the bulkhead of said vehicle,*
   (3) *a metallic reflecting layer mounted on the outer surface of said heat sink for reflecting away from said vehicle radiative heat transferred to said vehicle, and*
   (4) *an ablative structure highly transparent to radiative heat mounted on said reflecting layer and said heat sink, and forming the outermost portion of said heat shield, for dissipating convective heat transferred to said vehicle while simultaneously retarding the transfer of heat by conduction through the ablative structure to the interior of said vehicle, said ablative structure comprising a plurality of cells, each of said cells having a relatively thick top wall and thin side walls, said top wall arranged in a plane substantially parallel to said heat sink and adapted to dissipate said convective heat, said side walls arranged in a plane substantially normal to said top walls, said side walls being spaced from adjacent side walls of adjacent cells by a thin gap, and cooperating interlocking means joining at least one of said side walls of each cell to at least one of said side walls of an adjacent cell.*“[16]

Der Anspruch beschreibt den Hitzschutzschild mit wärmeisolierendem Material und einer Reflexionsschicht, die Strahlungswärme von der Kapsel reflektiert.

Die Abb. 7.19 zeigt die Hitzekacheln 14 einer Weltraumkapsel zur Verhinderung des Verglühens beim Eintritt in die Erdatmosphäre.

---

[16] DPMA, https://depatisnet.dpma.de/DepatisNet/depatisnet?action=pdf&docid=US000003130940A, abgerufen am 15.7.2024.

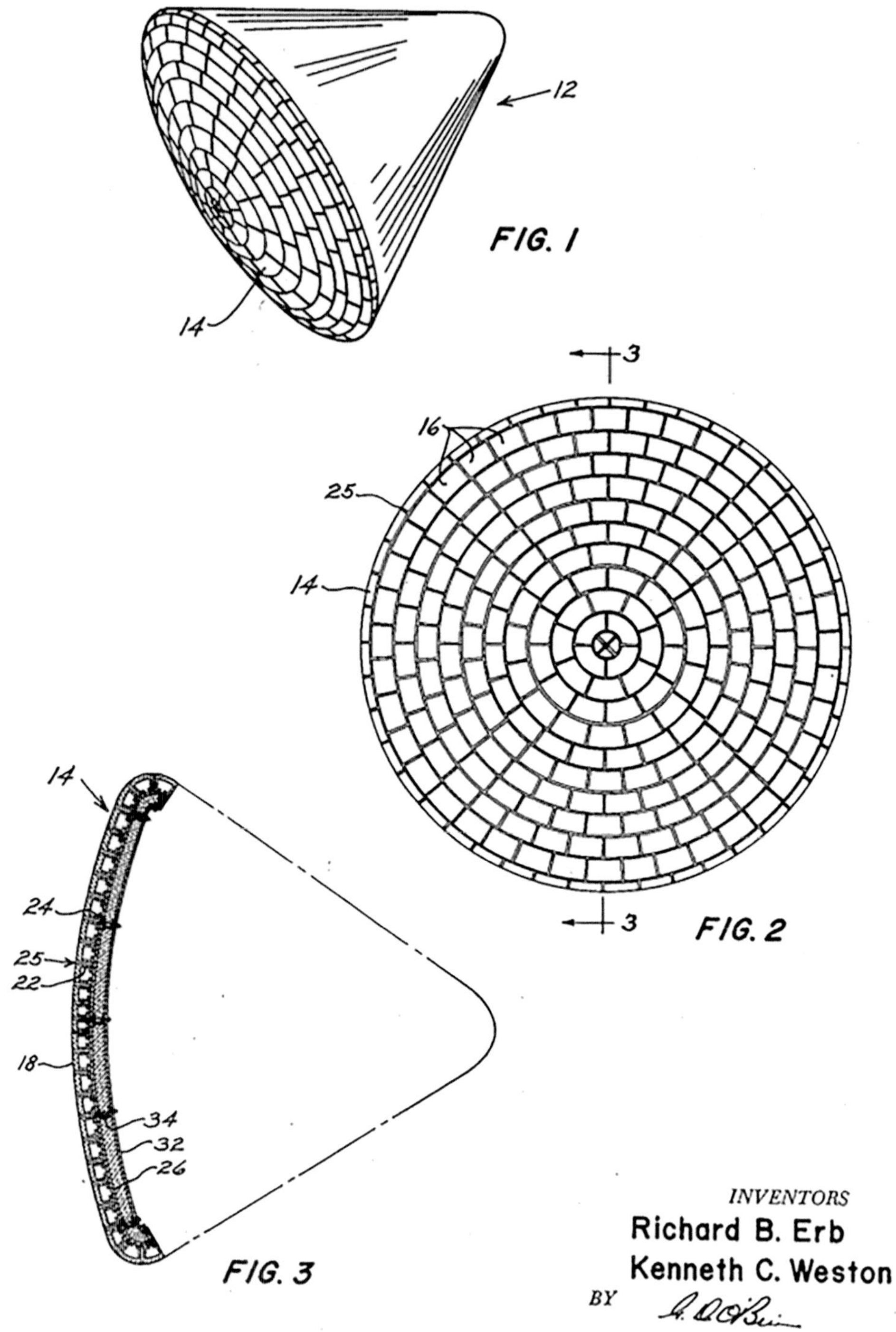

Abb. 7.19 Fig. 1 bis 3 der US3130940

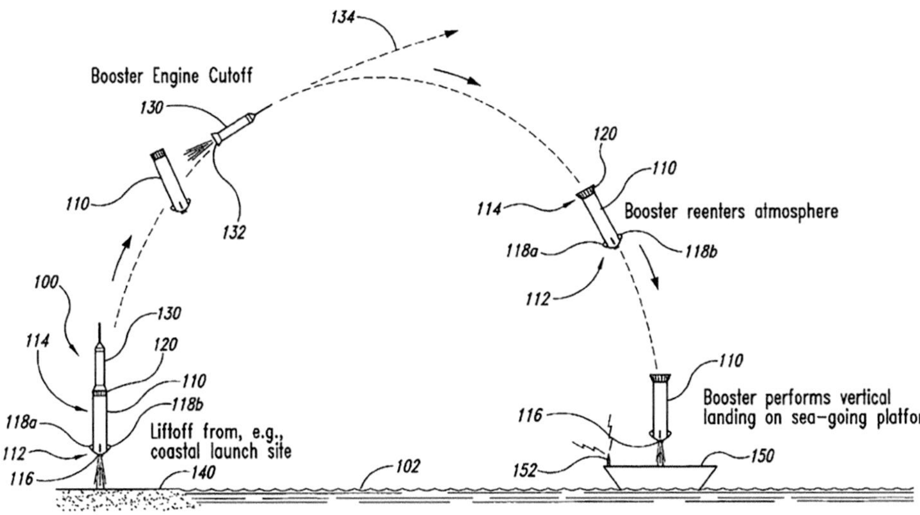

Abb. 7.20 Fig. 1 der US8678321

7.8 Senkrecht landende Rakete

In dem Patent US 8.678.321, das am 25. März 2014 erteilt wurde, wird eine senkrecht landende Rakete beschrieben.

Der Hauptanspruch lautet:

1. „*A method for operating a space launch vehicle, the method comprising: launching the space launch vehicle from earth in a nose-first orientation, wherein launching the space launch vehicle includes igniting one or more rocket engines on the space launch vehicle; reorienting the space launch vehicle to a tail-first orientation after launch; positioning a landing structure in a body of water; and vertically landing the space launch vehicle on the landing structure in the body of water in the tail-first orientation while providing thrust from at least one of the one or more rocket engines.*“[17]

Der Anspruch beschreibt, dass die Weltraumrakete vor der Landung in eine Heckausrichtung gebracht wird und senkrecht auf einer Landestruktur aufsetzt.

Die Abb. 7.20 zeigt das senkrechte Landen einer Rakete 110 auf einer Landestruktur, die als ein Schiff 150 ausgebildet ist.

[17] DPMA, https://depatisnet.dpma.de/DepatisNet/depatisnet?action=pdf&docid=US000008678321B2, abgerufen am 24.4.2024.

GPSR Compliance

The European Union's (EU) General Product Safety Regulation (GPSR) is a set of rules that requires consumer products to be safe and our obligations to ensure this.

If you have any concerns about our products, you can contact us on ProductSafety@springernature.com

In case Publisher is established outside the EU, the EU authorized representative is:

Springer Nature Customer Service Center GmbH
Europaplatz 3
69115 Heidelberg, Germany

Batch number: 07982760

Printed by Printforce, the Netherlands